Mirko Seifert

Nebenangebote für Bauleistungen

AUS FORSCHUNG UND PRAXIS
BAND 19

Mirko Seifert

Nebenangebote für Bauleistungen

Schriftenreihe des Instituts für Baubetriebswesen
der Technischen Universität Dresden
Herausgegeben von Prof. Dr.-Ing. R. Schach

Bibliografische Information der Deutschen Bibliothek
Die Deutsche Bibliothek verzeichnet diese Publikation
in der Deutschen Nationalbibliografie;
detaillierte bibliografische Daten sind im Internet über
http://dnb.ddb.de abrufbar.

Bibliographic Information published by Die Deutsche Bibliothek
Die Deutsche Bibliothek lists this publication
in the Deutsche Nationalbibliografie;
detailed bibliographic data are available in the internet at
http://dnb.ddb.de.

Der vorliegende Band 19 der Schriftenreihe des Instituts für Baubetriebswesen wurde durch die Fakultät Bauingenieurwesen der Technischen Universität Dresden als Dissertationsschrift *Nebenangebote für Bauleistungen* angenommen und am 19.01.2018 in Dresden verteidigt.

ISBN-13: 978-3-8169-3436-3

Bei der Erstellung des Buches wurde mit großer Sorgfalt vorgegangen; trotzdem können Fehler nicht vollständig ausgeschlossen werden. Verlag und Autoren können für fehlerhafte Angaben und deren Folgen weder eine juristische Verantwortung noch irgendeine Haftung übernehmen. Für Verbesserungsvorschläge und Hinweise auf Fehler sind Verlag und Autoren dankbar.

© 2018 by expert verlag, Wankelstraße 13, D-71272 Renningen
Tel.: +49 (0) 7159-9265-0, Fax: +49 (0) 7159-9265-20
E-Mail: expert@expertverlag.de, Internet: www.expertverlag.de
http://www.expertverlag.de
Alle Rechte vorbehalten
Printed in Germany

Das Werk einschließlich aller seiner Teile ist urheberrechtlich geschützt. Jede Verwertung außerhalb der engen Grenzen des Urheberrechtsgesetzes ist ohne Zustimmung des Verlags unzulässig und strafbar. Dies gilt insbesondere für Vervielfältigungen, Übersetzungen, Mikroverfilmungen und die Einspeicherung und Verarbeitung in elektronischen Systemen.

Vorwort des Herausgebers

Die Verfahren, um Bauleistungen an Bauunternehmen zu vergeben, unterscheiden sich weltweit. In Deutschland ist nach der VOB/A die öffentliche oder die offene Ausschreibung auf der Grundlage eines Einheitspreisvertrages mit einem Leistungsverzeichnis das Regelverfahren. Dieses Verfahren kann in Deutschland auch im privaten Bereich als Standard angesehen werden. Es hat jedoch den generellen Nachteil, dass Erfahrungen, Wissen und Kenntnisse der Bauunternehmen zur qualitativen oder bauverfahrenstechnischen Verbesserung und zum kostengünstigeren Bauen nur begrenzt genutzt werden.

In den letzten Jahrzehnten kommen daher – insbesondere im privaten Bereich – auch in Deutschland zunehmend alternative Vertrags- und Vergabeverfahren zur Anwendung. Zu nennen sind dabei der Pauschalpreisvertrag unter Einbeziehung mehr oder weniger umfangreicher Planungsleistungen, der Garantierte Maximalpreisvertrag, teilweise auch in Verbindung mit dem Construction-Management-Modell oder Vertragsmodelle, die dem Bauteam-Modell folgen, das in den Skandinavischen Ländern und in Holland weit verbreitet ist.

Auf der Basis des Einheitspreisvertrages hat der Auftraggeber nur beschränkte Möglichkeiten, um Bauwerke nachhaltiger zu errichten, da er Erfahrungen des Auftragnehmers nur begrenzt nutzen kann. Unter dem Begriff Nachhaltigkeit werden dabei ökonomische, ökologische und soziale Verbesserungen bei der Errichtung aber auch im gesamten Lebenszyklus des Bauwerks zusammengefasst.

Die Möglichkeiten des Bauunternehmers sind im Einheitspreis vertragsbedingt stark begrenzt und reduzieren sich insbesondere auf die Ausstattung und Anordnung der Baustelleneinrichtung (z. B. Zahl und Dimensionierung der Hebezeuge), auf begrenzte Varianten bei den zur Anwendung kommenden Bauverfahren (z. B. Einbringen des Beton mit Kran oder mit einer Betonpumpe) und auf die Gestaltung des Bauablaufs. Änderungen, die in die durch die Ausschreibung und die Planung vorgegebenen Randbedingungen eingreifen, sind nur durch sogenannte Nebenangebote, auch als Sondervorschlag oder Änderungsvorschlag bezeichnet, möglich. Nebenangebote werden vom Unternehmer mit dem Hauptangebot abgegeben.

Der Autor beschäftigt sich in dem vorliegenden Buch mit allen Aspekten des Nebenangebotes, den rechtlichen Grundlagen, der Intention und Handhabung bei den Auftragnehmern und schließlich auch der Wertung durch die Auftraggeber. Leider zeigen sich in den vergangenen Jahren zunehmend Restriktionen seitens der Auftraggeber bei der Zulassung von Nebenangeboten. Zu begründen ist dies insbesondere durch rechtliche Vorgaben, die umfassend diskutiert werden. Hinzuweisen ist auch auf ein Kapitel mit umfangreichen empirischen Untersuchungen auf der Grundlage von Ausschreibungsergebnissen und von Befragungen. Damit wird das Verständnis über Nebenangebote erweitert.

Generell ist festzuhalten, dass Nebenangebote bei Einheitspreisverträgen ein sehr großes Potenzial bilden, um nachhaltigere Bauwerke zu errichten. Somit müsste ein großes volkswirtschaftliches Interesse und damit ein großes Interesse bei den Auftraggebern vorliegen, Nebenangebote zu befördern. Aus verschiedenen Gründen ist aktuell aber eher das Gegenteil festzustellen.

Es kann somit nur gehofft werden, dass das Buch große Aufmerksamkeit bei Auftraggebern und Auftragnehmern erfährt. Durch die Beförderung der Abgabe von Nebenangeboten bei Einheitspreisverträgen lassen sich schließlich nachhaltige Bauwerke errichten, in die auch die umfassenden Erfahrungen der Bauunternehmen einfließen.

Dresden, im April 2018   Prof. Dr.-Ing. Rainer Schach

Vorwort des Verfassers

Die konjunkturelle Entwicklung des deutschen Baumarktes, welcher zuletzt nach dem Abklingen des Baubooms infolge der deutschen Wiedervereinigungsphase sowie stagnierender Investitionen öffentlicher und privater Bauherren einem stetigen Preisverfall und damit steigendem Wettbewerbsdruck unterlag, beflügelte im direkten Zusammenhang das Interesse am *Nebenangebot*, als hauptsächlich monetäres Werkzeug im Kampf um den Auftrag auf der Bieterseite einerseits und dem anwachsenden reaktiven Umgang der Vergabestellen sowie dem Gesetzgeber andererseits. Daraus ergibt sich ein interessantes Spannungsfeld im Vergabeprozess für Bauleistungen, welches in der vorliegenden Arbeit mit aktuellen Daten aus Sicht der baubetrieblichen Spezifikation charakterisiert wird.

In der Bundesrepublik Deutschland gibt es für das Nebenangebot bisher nur sehr wenige Untersuchungen. Daher soll die Arbeit primär einen Beitrag zum besseren Verständnis und Umgang mit Nebenangeboten leisten, sowie dessen Zukunftsfähigkeit untersuchen.

Für die Bereitschaft, diese Arbeit zu betreuen, möchte ich mich beim Direktor des Instituts für Baubetriebswesen der Fakultät Bauingenieurwesen der Technischen Universität Dresden, Herrn Univ.-Prof. Dr.-Ing. Rainer Schach, ausdrücklich bedanken. Ein herzlicher Dank geht außerdem an sein Institutsteam, welches mit wertvollen Gesprächen und Hinweisen zum erfolgreichen Gelingen der Arbeit beitrug.

An dieser Stelle möchte ich mich ebenfalls beim Normenausschuss Bauwesen des Deutschen Instituts für Normung e. V. in Berlin bedanken, der mir im Rahmen meiner Studie interessante Einblicke in die wechselvolle Geschichte der VOB und die Arbeit des Deutschen Verdingungsausschusses für Bauleistungen gewährt hatte.

Im Weiteren möchte ich mich stellvertretend bei der InfoBau GmbH aus Münster sowie den vielen Mitarbeitern der Vergabestellen und Baufirmen aus ganz Deutschland für die unbürokratische Unterstützung bei der Datenerhebung recht herzlich bedanken.

Brehna, im November 2017   Mirko Seifert

Inhaltsverzeichnis

Inhaltsverzeichnis I
Abbildungsverzeichnis III
Tabellenverzeichnis VII
Abkürzungs- und Symbolverzeichnis IX
1 Einleitung 1
1.1 Problemstellung 1
1.2 Zielsetzung und Methoden 4
2 Charakterisierung des Nebenangebotes 7
2.1 Die geschichtliche Entwicklung des Nebenangebotes im förmlichen Vergabeverfahren 7
2.2 Begriffsbestimmung 19
2.3 Inhaltliche Unterscheidungen von Nebenangeboten 28
2.3.1 Abweichung bei der Leistung 36
2.3.2 Abweichende Rahmenbedingungen 37
2.3.3 Abweichende Abrechnungsmodalitäten 38
2.4 Bedeutung des Nebenangebotes auf die Kalkulationsphase des Bieters 39
2.5 Zulassung, Prüfung und Wertung von Nebenangeboten 42
2.5.1 Bedingungen für die Zulassung von Nebenangeboten 42
2.5.2 Ablauf der Prüfung und Wertung 51
2.5.3 Beispiele für die Wertung von Nebenangeboten 53
2.5.4 Besonderheiten im Rahmen der Angebotswertung 60
2.5.5 Ausschlussgründe für Nebenangebote 61
2.6 Vor- und Nachteile von Nebenangeboten 63
2.6.1 Vorteile für die öffentlichen Auftraggeber 65
2.6.2 Vorteile für die Auftragnehmer 67
2.6.3 Nachteile für die öffentlichen Auftraggeber 68
2.6.4 Nachteile für die Auftragnehmer 69
2.7 Das versteckte Nebenangebot 70
2.8 Haftungsfragen 71
2.9 Rechtliche Grundlagen 72
2.9.1 Nationale Vergabeverfahren 74
2.9.2 Europäische Vergabeverfahren 75
3 Empirische Datenerhebung 79
3.1 Datenerhebung aus Submissionsergebnissen und Vergabeveröffentlichungen 80

Inhaltsverzeichnis

3.1.1	Grundlagen der Datenanalyse	80
3.1.2	Regionale Darstellungen und Interpretationen der Daten	82
3.1.3	Zusammenfassende und vergleichende Darstellungen	92
3.1.4	Darstellung und Interpretation der Daten aus Vergabebekanntmachungen	97
3.2	Datenerhebung als Feldversuch	102
3.2.1	Datenerhebung bei öffentlichen Vergabestellen / Auftraggebern	102
3.2.2	Datenerhebung im Bereich der Bieter/Auftragnehmer	115
4	Schlussbetrachtung	139
4.1	Zusammenfassung	139
4.2	Ergebnisse der Arbeit	141
4.3	Ausblicke	145
Literaturverzeichnis		149
Normen, Regelwerke, Gesetze und Richtlinien		151
Internet		151
Anlagenverzeichnis		155

Abbildungsverzeichnis

Abbildung 1:	Spannungsfeld Vergabeverfahren	4
Abbildung 2:	Charakterisierung der Interviewsituation	5
Abbildung 3:	Erstausgabe der VOB von 1926	8
Abbildung 4:	Die Grundpfeiler der VOB	9
Abbildung 5:	Teile der VOB	15
Abbildung 6:	Synonyme für das Nebenangebot	20
Abbildung 7:	Abgrenzung des Nebenangebotes	27
Abbildung 8:	Arten von Nebenangeboten	28
Abbildung 9:	Nebenangebote im Vergabeverfahren	29
Abbildung 10:	Stellenwert von Nebenangeboten	33
Abbildung 11:	Typische Verteilung der Gebäudekosten	34
Abbildung 12:	Auswahlkriterien für Ausschreibungen	40
Abbildung 13:	Risiko Prüfungs- und Wertungsphase	48
Abbildung 14:	Abwägung	64
Abbildung 15:	Möglichkeiten der Risikoverschiebung	65
Abbildung 16:	Methodik der Datenerhebung	79
Abbildung 17:	Submissionen in Sachsen	82
Abbildung 18:	Verteilung der Nebenangebote, bezogen auf das Vergabevolumen in Sachsen	83
Abbildung 19:	Europäische Ausschreibungen in Sachsen	83
Abbildung 20:	Nationale Ausschreibungen in Sachsen	84
Abbildung 21:	Eingereichte Nebenangebote in Sachsen	84
Abbildung 22:	Bieter in Sachsen	84
Abbildung 23:	Anzahl der Nebenangebote in Sachsen bezogen auf die jeweilige Angebotssumme	85
Abbildung 24:	Submissionen in Sachsen-Anhalt	86
Abbildung 25:	Verteilung der Nebenangebote, bezogen auf das Vergabevolumen in Sachsen-Anhalt	86
Abbildung 26:	Bieter in Sachsen-Anhalt	87
Abbildung 27:	Anzahl der Nebenangebote in Sachsen-Anhalt, bezogen auf die jeweilige Angebotssumme	87
Abbildung 28:	Submissionen in Bayern	88
Abbildung 29:	Verteilung der Nebenangebote, bezogen auf das Vergabevolumen in Bayern	89
Abbildung 30:	Bieter in Bayern	89

Abbildungsverzeichnis

Abbildung 31: Anzahl der Nebenangebote in Bayern, bezogen auf die jeweilige Angebotssumme ... 90

Abbildung 32: Submissionen in Hamburg ... 90

Abbildung 33: Verteilung der Nebenangebote, bezogen auf das Vergabevolumen in Hamburg ... 91

Abbildung 34: Bieter in Hamburg ... 91

Abbildung 35: Anzahl der Nebenangebote in Hamburg, bezogen auf die jeweilige Angebotssumme ... 92

Abbildung 36: Gesamtübersicht der Submissionen in Sachsen, Sachsen-Anhalt, Bayern und Hamburg ... 93

Abbildung 37: Anteil der Submissionen mit Nebenangeboten in Sachsen, Sachsen-Anhalt, Bayern und Hamburg ... 93

Abbildung 38: Verteilung der Nebenangebote, bezogen auf das Vergabevolumen in Sachsen, Sachsen-Anhalt, Bayern und Hamburg ... 94

Abbildung 39: Anzahl der Haupt- und Nebenangebote in Sachsen, Sachsen-Anhalt, Bayern und Hamburg ... 95

Abbildung 40: Anteile der Haupt- und Nebenangebote in Sachsen, Sachsen-Anhalt, Bayern und Hamburg ... 95

Abbildung 41: Gesamtübersicht der Bieter in Sachsen, Sachsen-Anhalt, Bayern und Hamburg ... 96

Abbildung 42: Anteil der Bieter mit Nebenangeboten in Sachsen, Sachsen-Anhalt, Bayern und Hamburg ... 97

Abbildung 43: Ausschreibungen in Sachsen-Anhalt ... 97

Abbildung 44: EU-Ausschreibungen in Sachsen-Anhalt ... 98

Abbildung 45: Nationale Ausschreibungen in Sachsen-Anhalt ... 99

Abbildung 46: Ausschreibungen in Sachsen ... 99

Abbildung 47: EU-Ausschreibungen in Sachsen ... 100

Abbildung 48: Nationale Ausschreibungen in Sachsen ... 100

Abbildung 49: EU-Ausschreibungen mit zugelassenen Nebenangeboten ... 101

Abbildung 50: Nationale Verfahren mit zugelassenen Nebenangeboten ... 101

Abbildung 51: Verteilung der gemeldeten Ausschreibungen ... 104

Abbildung 52: Aufteilung der Ausschreibungen nach nationalen/EU-Verfahren ... 104

Abbildung 53: Zulassung von Nebenangeboten ... 105

Abbildung 54: Zulassungs- und Bezuschlagungsquote ... 106

Abbildung 55: Anteil der Verfahren mit zugelassenen Nebenangeboten in Sachsen ... 107

Abbildung 56: Vergleich der Zulassung von Nebenangeboten aller befragten Vergabestellen ... 109

Abbildung 57: Vergleich der Zulassung von Nebenangeboten bei der DEGES ... 109

Abbildung 58: Bezuschlagungsquote bei der DEGES ... 110

Abbildungsverzeichnis

Abbildung 59: Anteil der favorisierten Nebenangebote 111
Abbildung 60: Zusätzliche Zuschlagskriterien 112
Abbildung 61: Beeinflussung der Vergabeverfahren durch Nebenangebote 113
Abbildung 62: Nebenangebot als Innovationsträger und Wettbewerbsgenerierer 113
Abbildung 63: Spezialisierte Unternehmen geben eher Nebenangebote ab 114
Abbildung 64: Einstellung der Planungsbüros zu Nebenangeboten 114
Abbildung 65: Anzahl der Vergabeverfahren und Nachprüfverfahren mit Nebenangeboten . 115
Abbildung 66: Einstellung der Unternehmen zum Nebenangebot allgemein 118
Abbildung 67: Geben Unternehmen gerne Nebenangeboten ab 119
Abbildung 68: Mehraufwand der Unternehmen durch das Nebenangebot 120
Abbildung 69: Zuschläge infolge von Nebenangeboten 122
Abbildung 70: Mangelhafte Hinweise der Vergabestellen auf Nebenangebote 123
Abbildung 71: Beurteilung des rechtlichen Rahmens für Nebenangebote 124
Abbildung 72: Intension der Nebenangebote für Unternehmen 125
Abbildung 73: Gewerkespezifische Abgabe von Nebenangeboten 126
Abbildung 74: Abgabe von Nebenangeboten auch ohne finanziellen Vorteil 127
Abbildung 75: Verbesserungsvorschläge für das Vergabeverfahren im Umgang mit Nebenangeboten 128
Abbildung 76: Vorteile für spezialisierte Unternehmen bei der Abgabe von Nebenangeboten 130
Abbildung 77: Entscheidungskriterium des Auftraggebers aus Sicht der Unternehmen 131
Abbildung 78: Einschätzung der Unternehmen zur Sichtweise der Vergabestellen auf Nebenangebote 132
Abbildung 79: Zukunft des Nebenangebotes 133

Tabellenverzeichnis

Tabelle 1:	Ausschreibungen und Angebote in Sachsen	83
Tabelle 2:	Ausschreibungen und Angebote in Sachsen-Anhalt	86
Tabelle 3:	Ausschreibungen und Angebote im Freistaat Bayern	88
Tabelle 4:	Ausschreibungen und Angebote in Hamburg	91
Tabelle 5:	Ausschreibungen und Angebote in Sachsen, Sachsen-Anhalt, Bayern und Hamburg	94

Abkürzungs- und Symbolverzeichnis

a. a. O.	Aktionsanalytische Organisation
Abb.	Abbildung
Abs.	Absatz
AG	Auftraggeber
AGB	Allgemeine Geschäftsbedingungen
ARS	Allgemeine Rundschreiben Straßenbau
Art.	Artikel
ATV	Allgemeine Technische Vertragsbedingungen
Aufl.	Auflage
Az.	Aktenzeichen
BA	Bayern
BAB	Bundesautobahn
BauR	Baurecht
BGB	Bürgerliches Gesetzbuch
BGH	Bundesgerichtshof
BHO	Bundeshaushaltsordnung
BKR	Baukoordinierungsrichtlinie
BMVI	Bundesministerium für Verkehr und digitale Infrastruktur
cic	culpa in contrahendo
d. h.	das heißt
DIN	Deutsches Institut für Normung e. V.
DV	Datenverarbeitung
DVA	Deutscher Verdingungsausschuss für Bauleistungen
DVAL	Deutscher Verdingungsausschuss für Leistungen
EG	Europäische Gemeinschaft
etc.	et cetera, und so weiter
EU	Europäische Union
EuGH	Europäischer Gerichtshof
EUR	Euro (Geldwährung)

EWG	Europäische Wirtschaftsgemeinschaft
ff.	folgende
ggf.	gegebenenfalls
GmbH	Gesellschaft mit beschränkter Haftung
GPA	Gemeindeprüfungsanstalt Baden-Württemberg
GWB	Gesetz gegen Wettbewerbsbeschränkungen
HAA	Hauptausschuss Allgemeines
HAH	Hauptausschuss Hochbau
HAT	Hauptausschuss Tiefbau
HB	Hochbau
HGrG	Haushaltsgrundsatzgesetz
HH	Hansestadt Hamburg
HOAI	Honorarordnung für Architekten und Ingenieure, Fassung 2013
IB	Ingenieur- und Brückenbau
IBR	Zeitschrift für Immobilien und Baurecht
i. d. R.	in der Regel
i. V. m.	in Verbindung mit
LB	Leistungsbeschreibung
LHO	Landeshaushaltsordnung
LKW	Lastkraftwagen
Lt.	laut
LV	Leistungsverzeichnis
Mio.	Millionen
Mrd.	Milliarden
NA	Nebenangebot
NL	Niederlassung
Nr.	Nummer
OLG	Oberlandesgericht
PQ	Präqualifikation
RBBau	Richtlinie für die Durchführung von Bauaufgaben des Bundes im Zuständigkeitsbereich der Finanzbauverwaltungen
RSTO	Richtlinie für die Standardisierung des Oberbaus

SektVO	Sektorenverordnung
SKR	Sektorenkoordinierungsrichtlinie
SN	Sachsen
ST	Sachsen-Anhalt
Tab.	Tabelle
TL	Technische Lieferbedingungen
TP	Technische Prüfvorschriften
TS	Tief- und Straßenbau
TU	Technische Universität
u. a.	unter anderem
Verg.	Vergabe
vgl.	vergleiche
VgV	Vergabeverordnung
v. H.	von Hundert
VHB	Vergabe- und Vertragshandbuch für die Baumaßnahmen des Bundes
VK	Vergabekammer
VOB	Vergabe- und Vertragsordnung für Bauleistung
VOF	Vergabe- und Vertragsordnung für freiberufliche Leistungen
VOL	Vergabe- und Vertragsordnung für Leistungen
Win	Winner (englisch), Gewinner
WTO	World Trade Organisation, Welthandelsorganisation
z. B.	zum Beispiel
ZK	Zuschlagskriterium
ZPO	Zivilprozessordnung
z. T.	zum Teil
ZTV	Zusätzliche Technische Vertragsbedingungen
ZVB	Zusätzliche Vertragsbedingungen
§	Paragraph

1 Einleitung

1.1 Problemstellung

In der modernen technisierten Welt von heute hat sich im allgemeinen Kommunikationsverhalten der Menschen eine aufgabenspezifische Art der Willensbekundung entwickelt. Demnach versucht man, eine Aufgabenstellung möglichst speziell zu artikulieren, um eine hilfreiche und inhaltlich passende Antwort zu generieren. Komplizierter kann der Sachverhalt werden, wenn man seine Frage an mehrere Personen gleichzeitig stellt und die Antworten ergebnisorientiert mit einer Wichtung zu bewerten hat. Das heißt, man muss im Entscheidungsprozess zur Abwägung der richtigen Antwort den Bezug zur Fragestellung herstellen. Zur Erschließung weiterer Antworten zum Sachverhalt, welche im Ergebnis dasselbe Ziel fokussieren, jedoch den Weg auf andere Art und Weise beschreiben, ist es oft hilfreich, ja manchmal sogar geboten, dem Antwortgeber die Möglichkeit der selbst definierten und von der spezifizierten Aufgabenstellung abweichenden Beantwortung zu eröffnen. Eine Möglichkeit dieser individuellen Beantwortung der spezifizierten Fragestellung ist eine Antwort, die neben der eigentlichen Hauptantwort im Kommunikationsprozess gewertet werden kann. Diese Nebenantwort kann im Einzelfall zudem den Entscheidungsprozess des Fragestellers bereichern und sogar oft eine unerwartete Ergebnisverbesserung generieren.

Sinngemäß lassen sich diese abstrakten Betrachtungen auf den Prozess der wirtschaftlichen Kommunikation zwischen Einzelpersonen und Bauunternehmen übertragen, nämlich dann, wenn es um die Fragestellung einer Leistungsanfrage des Auftraggebers[1] und das Leistungsangebot des Bieters geht. Dabei möchte der Auftraggeber eine integrale Antwort oder ein Angebot vom Bieter erhalten.

Nebenangebote sind das *„Salz in der Suppe"* im Wettbewerb um die Vergabe eines Bauauftrags. Sie spielen in der täglichen Baupraxis nicht nur rechtlich eine große Rolle – gleich, ob im Vergabeverfahren oder später im Verlauf der Bauausführung – sondern auch aus der Sicht der Baubetriebswirtschaft.[2]

Das Nebenangebot erweckt zunächst in seiner begrifflichen Definition eine eher unscheinbare, durchaus zweitrangige oder nebensächliche Bedeutung gegenüber dem Begriff „Angebot", welches sich explizit in den Fokus einer Kommunikation zwischen dem Auftraggeber und dem Bieter stellt. Dieser Schein trügt jedoch, wenn man die Bedeutung des Nebenangebotes tiefgründiger untersucht. Schon unsere Vorfahren erkannten im Rahmen der Schaffung einheitlicher Grundsätze für das Deutsche Reich und die Deutschen

---

[1] Auftraggeber im Sinne eines Bestellers
[2] Vgl. Marbach: Festschrift für Vygen, S. 241, 242; VergabeR 3/2000, S. 1; Schweda; VergabeR 3/2003, S. 268; Heiermann/Riedl/Rusam, Handkommentar zur VOB, S. 486, A § 25, Rdn. 69; Marbach

1.1 Problemstellung

Länder in der Verdingungsordnung für Bauleistungen vom Mai 1926 die Bedeutung von Nebenangeboten. Demnach definierten und reglementierten sie zunächst die Rolle des Nebenangebotes im förmlichen Vergabeverfahren und schafften somit erstmals Sicherheit für die sachgemäße Behandlung. Diese Vergabeverordnungen besitzen eine interessante geschichtliche Entwicklung, welche mit der Allgemeinen Verfügung der Preußischen Wasserbauverwaltung anno 1897, als Vorläufer der heutigen Vergabe- und Vertragsordnung für Bauleistungen oder auch kurz VOB genannt, seinen Anfang nahm.[3]

In der Bundesrepublik Deutschland deckt die öffentliche Hand, vertreten durch Träger staatlichen und kommunalen Vermögens, ihren Beschaffungsbedarf bei baulichen Anlagen und Dienstleistungen auf dem freien Markt. Die hierbei getätigten Investitionen besitzen ein erhebliches Volumen und sind damit von volkswirtschaftlicher Bedeutung. Vergabeverfahren für öffentliche Bauaufträge unterliegen vor dem Hintergrund der wirtschaftlichen Verwendung und Gewährleistung der Funktionsfähigkeit des Wettbewerbs einem Ordnungsrahmen, welcher durch Gesetze und Verordnungen reglementiert ist.[4]
Die Bauwirtschaft nimmt wiederum an der Akquisition seines Auftragsvolumens in verschieden strukturierten Vergabeverfahren privater Bauherren und der öffentlichen Hand teil. Um im nationalen Wettstreit bestehen zu können und den Marktanteil zu festigen oder auszubauen, müssen durch die Unternehmen der deutschen Bauwirtschaft innovative und damit wettbewerbsfähige Preisangebote abgegeben werden. Allein die systemisch notwendige Optimierung der Bauverfahren sowie der effiziente Einsatz von Ressourcen reichen oft nicht mehr aus, das Leistungsformat der Bauunternehmen auch zukünftig zu erhalten. Vielmehr muss bereits die Angebots- oder Akquisitionsphase Element des baubetrieblichen Gesamtoptimierungsprozesses sein, da nicht grundsätzlich davon ausgegangen werden kann, dass der Amtsentwurf den zum Zeitpunkt der Bauausführung optimalsten und wirtschaftlichsten Bauinhalt verkörpert.

Ganz gleich, ob Bauunternehmen erfolgreich an Ausschreibungen teilgenommen und dabei gute oder weniger gute Erfahrungen gesammelt haben, kann das Einbringen von Innovationen, alternativen Lösungen und von unternehmerischen Erfahrungen grundsätzlich die Chancen im Vergabeverfahren verbessern. Daher kann man folgenden Leitfaden definieren: *„Eine Ausschreibung wird zuerst durch die formalen Vorschriften aus den relevanten Gesetzen und Verordnungen definiert. Parallel zu den gesetzlichen Regelungen gibt es aber einen optionalen Umgang mit Ausschreibungen und Vergabestellen, der den Erfolg einer Bewerbung stark erhöhen kann. Regelkonformes Verhalten, aber auch eine gehörige Portion praktisches Knowhow, das in keinem Gesetz nachgeschlagen werden kann, entscheiden in der Regel gleichermaßen über Zuschlag oder Ablehnung. Der*

---

[3] Vgl. VOB 1926
[4] Vgl. Leinemann/Maibaum, BGB-Bauvertragsrecht und neues Vergaberecht, S. 155

Pflichtteil der Bewerbung um einen öffentlichen Auftrag ist die Einhaltung der Gesamtheit der Formvorschriften und Fristen sowie die Lieferung aller verlangten Nachweise. Die Kür besteht aus einem richtigen Management eines Bewerbungsprozesses, der richtigen Darstellung der Qualitäten und Leistungen eines Unternehmens und einer nachhaltigen Strategie im Umgang mit den Vergabestellen."[5]

Vor allem im Bereich der öffentlichen Auftraggeber kann daher die Abgabe eines Nebenangebotes bei stetig steigendem Wettbewerbsdruck eine immer bedeutendere Rolle spielen.

Dem Bieter kann es u. a. dazu dienen, seine Preiskalkulation hinsichtlich einer Vergrößerung der enthaltenen Margen gegenüber dem Hauptangebot zu verbessern und sich insgesamt einen Vorteil im Wettbewerb um das wirtschaftlichste Angebot in einem Vergabeverfahren zu schaffen.

Dem gegenüber steht der Anstieg diverser Risiken, die durch die Abgabe von Nebenangeboten, sowohl beim Bieter als auch bei der Vergabestelle, entstehen können. Deshalb bedürfen vor allem diese wechselseitigen Beziehungen zwischen Chancen und Risikofaktoren einer detaillierten Analyse.

Als Gegenstück zu einem Wettbewerb, welcher als Wertungskriterium strikt nur quantitativ über den Preis ausgerichtet ist, können Nebenangebote den Wettbewerb auch qualitativ öffnen. Hierbei ergeben sich für die beteiligten Parteien sowohl Vorteile auch als Nachteile, die es zu bewerten gilt.

Die am Vergabeverfahren beteiligten Parteien unterliegen aufgrund ihrer originären Einstellungen zum Teil voneinander abweichender Betrachtungsweisen gleicher Verfahrenselemente.

Das Nebenangebot verkörpert demnach unterschiedliche Interessen und Ziele der Parteien. Es schafft somit ungewollt Konfliktpotenzial, zunächst im Vergabeverfahren und später im Rahmen der Realisierung des Bauvertrages. Darüber hinaus unterliegt der rechtliche Rahmen zur Anwendung von Nebenangeboten einem stetigen Anpassungsdruck, der ein Indiz auf eine latente Reglementierungsangst der Vergabestellen[6] sein könnte.

Das Nebenangebot ist daher ein interessantes Spannungsfeld im förmlichen Vergabeverfahren für Bauleistungen (vgl. Abbildung 1).

---

[5] www.dtad.de, Bessere Chancen bei Ausschreibungen, DTAD, 09.08.2015
[6] Vergabestelle oder Auftraggeber

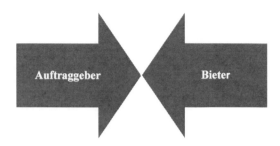

Abbildung 1: Spannungsfeld Vergabeverfahren

Diese einleitende Darstellung verspricht einen komplexen Forschungsgegenstand, der mit seinen vielschichtigen Einzelfragen und Entwicklungen interessante Ergebnisse erwarten lässt.

Im speziellen Fall der vorliegenden Arbeit wird das Nebenangebot im förmlichen Vergabeverfahren für Bauleistungen aus Sicht der baubetrieblichen Spezifikation analysiert.

1.2 Zielsetzung und Methoden

Mit ungefähr 27 Mrd. EUR sind die öffentlichen Bauaufträge im Jahr 2014 an den jährlichen Bauinvestitionen in Deutschland beteiligt. Für diese ca. 1,2 Mio. öffentlichen Bauaufträge im Jahr bildet die VOB die rechtliche Grundlage für die Vergabe und Abwicklung.[7] Die VOB hat daher einen sehr bedeutenden volkswirtschaftlichen Stellenwert inne und bietet als allgemeine Verordnung eine in vielerlei Hinsicht belastbare Plattform für die Arbeit. Als ursprünglicher Baustein der VOB kann das Nebenangebot geschichtlich und vergaberechtssicher nur über diese Verordnung spezifiziert abgegrenzt werden.

Im Fokus der vorliegenden Arbeit soll das Nebenangebot bei der Vergabe von Bauleistungen im förmlichen Vergabeverfahren in Deutschland, speziell aus baubetrieblicher Sicht, stehen.

Neben der Begriffsbestimmung, dem Syllabus[8] einer interessanten geschichtlichen Entwicklung, sollen eine methodische Datenerhebung und die Auswertung von sachbezogener Literatur den aktuellen Stand der bearbeiteten Thematik aufzeigen, analysieren und mögliche Trends definieren.

Die Arbeit untersucht zudem die Bedeutung des Nebenangebotes in der Bauwirtschaft, indem sie die Chancen, die Ziele und die unterschiedlichen Interessen der im Vergabeverfahren für Bauleistungen beteiligten Parteien charakterisiert. Demnach soll die Arbeit

---

[7] Vgl. Bundesministerium für Verkehr und digitale Infrastruktur; www.bmvi.de, 10.02.2014
[8] Synonym für Aufzählung oder Zusammenfassung

den Konflikt zwischen der Vergabestelle einerseits und dem Bieter andererseits thematisieren und die Sichtweisen beider Parteien zum Nebenangebot analysieren. Darüber hinaus widmet sich die Arbeit auch der Fragestellung der bauvertraglichen Auswirkung bei der Wertung und Inkludierung von Nebenangeboten.

Anhand der durchgeführten empirischen Datenerhebungen und persönlichen Befragungen bei öffentlichen Vergabestellen, Ingenieurbüros und Bauunternehmen wurden strukturiert Informationen zum Thema erhoben. Die Datenerhebung basiert methodisch auf der Untersuchung veröffentlichter Submissionsergebnisse und Vergabemitteilungen sowie schriftlicher und mündlicher Interviews, welche unter Zuhilfenahme eigens entwickelter spezifischer Fragebögen geführt wurden. Aus den gewonnenen Daten wurden Informationen zur Entwicklung im Umgang mit Nebenangeboten und Trends analytisch ausgewertet. Neben der verbalen Datendiskussion veranschaulichen grafische Darstellungen, Abbildungen und Tabellen die Ergebnisse der Studie.

Die in der vorliegenden Arbeit angewandte Erhebungsmethode des standardisierten Interviews wurde von König im Jahr 1972 als „Königsweg"[9] der empirischen Sozialforschung konzipiert. Dabei bezieht sich die Standardisierung des Interviews einmal auf die Vorgabe festgelegter Fragen mit festgelegten Antwortvorgaben in einer festgelegten Reihenfolge und zum anderen auf die Gleichheit der Interviewsituation, die durch besondere Anforderungen an das Interviewverhalten sichergestellt werden soll (vgl. Abbildung 2).

Abbildung 2: Charakterisierung der Interviewsituation

---

[9] Vgl. König, Grundlegende Methoden und Techniken in der empirischen Sozialforschung, 2. Auflage

1.2 Zielsetzung und Methoden

Um einen aussagefähigen Datenpool zu generieren, wurde die Datenerhebung in mehreren Bundesländern gleichzeitig und im gleichen Betrachtungszeitraum 2011 bis 2015 durchgeführt. Dabei sollte eine geografische Differenzierung zwischen den beteiligten Bundesländern repräsentative Ergebnisse für Deutschland liefern. Die an der Datenerhebung teilgenommenen Befragten wurden dabei zufällig ausgewählt.

Für den Bereich privater Bauherren besteht für die Abgabe von Nebenangeboten völlige Freiheit. Dagegen gibt es für öffentliche Bauherren jeweils nationale Regelungen, die zunehmend durch europäische Regelungen ersetzt oder ergänzt werden. Die vorliegende Arbeit widmet sich daher ebenso dem aktuellen Stand und dem Entwicklungsprozess im förmlichen Vergabeverfahren der Bundesrepublik Deutschland. Dabei wird im Rahmen integraler Fragestellungen der Zielkonflikt im systemisch bedingten Innovationsprozess erörtert und das Nebenangebot als dessen Baustein methodisch erforscht.

Das übergeordnete Ziel dieser Arbeit ist es, das Nebenangebot im förmlichen Vergabeverfahren in seiner baubetrieblichen Spezifikation zu charakterisieren. Als Bearbeitungsstand wird der August 2015 abgegrenzt.

2 Charakterisierung des Nebenangebotes

Zunächst wird die These untersucht, ob und wie sich das Nebenangebot in die geschichtliche Entwicklung des förmlichen Vergabeverfahrens einbindet. Darüber hinaus soll dieses Kapitel das Nebenangebot anhand spezifizierter Fragestellungen analysieren und dessen Bedeutung für die Bauwirtschaft in Deutschland darlegen.

2.1 Die geschichtliche Entwicklung des Nebenangebotes im förmlichen Vergabeverfahren

In diesem Abschnitt wird die wechselvolle Historie der Vergabeverordnung für öffentliche Auftraggeber in Deutschland untersucht und dabei die spezielle Entwicklung des Nebenangebotes als dessen Baustein integral analysiert.

Das Bedürfnis und auch die Erfordernis zur Regulierung der Beschaffungstätigkeit der öffentlichen Auftraggeber wurden von unseren Vorfahren schon früh erkannt. Auf nationaler Ebene resultiert dies insbesondere aus der Notwendigkeit, die öffentlichen Haushaltsmittel wirtschaftlich und sparsam einsetzen zu müssen. Darüber hinaus sollte ein transparenter, einheitlicher und juristisch wertbarer Bieterwettbewerb generiert werden. Erste Ansätze eines auf diese Zielstellung ausgerichteten Vergabewesens lassen sich bereits im 17. Jahrhundert nachweisen. Von 1700 bis 1850 fand die öffentliche Auftragsvergabe im Wege der Lizitation[10] an den Niedrigstbietenden statt. Ein erster Gesetzesentwurf zur Regelung des Vergabeverfahrens wurde 1914 erstellt. Aufgrund des Ausbruchs des 1. Weltkrieges wurde dieser Entwurf jedoch wieder verworfen.[11]

Die Vergabeverordnungen für öffentliche Auftraggeber besitzen eine interessante geschichtliche Entwicklung, welche mit der Allgemeinen Verfügung der Preußischen Wasserbauverwaltung anno 1897, als Vorläufer der Verdingungsordnung für Bauleistungen oder auch kurz VOB genannt, seinen Anfang nahm.[12]

Am 9. März 1921 fand die 79. Sitzung des Reichstages statt. Durch Abgeordnete des Reichstages wurde damals folgender Antrag eingereicht: *„Der Reichstag wolle beschließen, ein Reichsgesetz vorzulegen, durch welches für die Vergebung von Leistungen und Lieferungen durch die Verwaltung des Reichs, der Länder und sonstigen Verbänden des öffentlichen Rechts Grundsätze aufgestellt werden, die sich namentlich auch auf die Vergebung solcher Aufträge an Handwerker und andere Vereinigungen beziehen."* Begleitet wurde dies von der dringenden Bitte des Deutschen Handwerks nach einem Reichsgesetz

---

[10] Synonym für Versteigerung oder Auktion
[11] Vgl. Leinemann/Weihrauch, Die Vergabe öffentlicher Aufträge, 1. Auflage, S. 1
[12] Vgl. VOB 1926, Vorwort

2.1 Die geschichtliche Entwicklung des Nebenangebotes im förmlichen Vergabeverfahren

zur Vergebung handwerksmäßig herzustellender Arbeiten. Als „Zwischenergebnis" lehnte der Reichstag jedoch eine reichsgesetzliche Regelung des Verdingungswesens ab. Es erging schließlich ein Reichstagsbeschluss zur Einberufung eines Reichsverdingungsausschusses. Bereits im August 1925 veröffentlichte dieser die Technischen Vorschriften als DIN-Norm zur einheitlichen Anwendung.[13]

Nur kurze Zeit später erschienen die erste vollständige Verdingungsordnung für Bauleistungen (VOB) im Jahr 1926 (vgl. Abbildung 3) und die Verdingungsordnung für Leistungen (VOL) im Jahr 1936.[14]

Abbildung 3: Erstausgabe der VOB von 1926

Oberregierungsrat Voss schrieb in seinem Vorwort zur Erstausgabe der VOB von 1926 zu diesem historisch bedeutenden Vorgang folgendes: *„Auf Ersuchen des Reichstages, der einen Antrag auf reichsgesetzliche Regelung des Verdingungswesens mit großer Mehrheit abgelehnt hatte, ist unter der geschäftsführenden Leitung des Reichfinanzministeriums – Reichsbauverwaltung – ein ehrenamtlich tätiger Sachverständigenausschuss eingesetzt worden, um für die Vergebung von Leistungen und Lieferungen einheit-*

---

[13] Vgl. www.bmvi.de, Deutscher Vergabe- und Verdingungsausschuss für Bauleistungen, 11.03.2015
[14] Vgl. Leinemann/Weihrauch, Die Vergabe öffentlicher Aufträge, 1. Auflage, S. 1

liche Grundsätze für Reich und Länder zu schaffen." Im Weiteren führte er aus, dass dieser Verdingungsausschuss, in dem anerkannte Sachverständige aller Interessenskreise vertreten waren, eine Vereinheitlichung und Vereinfachung der Verdingungsordnung ohne gesetzlichen Zwang schaffen sollten, welche unnötige Belastungen der einzelnen Bewerber bei der Angebotsabgabe vermeiden und eine gerechte Behandlung gewährleisten. *„Auf diesem Wege sollen die bisher beobachteten Auswüchse im Verdingungswesen möglichst ausgeschaltet werden.*" Ferner appellierte er abschließend an alle Vergabestellen, dass die VOB einheitlich und grundsätzlich unverändert allen Bauverträgen zu Grunde gelegt werden sollte. Ebenfalls interessant und seiner Zeit voraus ist sein abschließender Satz: *„Möge es sich auswirken in vollem Umfange zum Segen der deutschen Wirtschaft.*"[15] Die geschichtliche Entwicklung der VOB hat diesen Hoffnungsruf hinreichend bestätigt, denn die VOB ist aus den heutigen öffentlichen Vergabeverfahren nicht mehr wegzudenken.

Wesentliche Grundpfeiler der VOB sind bis heute (vgl. Abbildung 4):[16]

- *Konsens* zwischen Auftraggeber- und Auftragnehmerseite,
- Praxisbezug,
- *Alltagstaugliches* Vergabesystem sowie
- Kontinuierliche *Veränderungen* (Technischer Fortschritt und gesetzliche Änderungen).

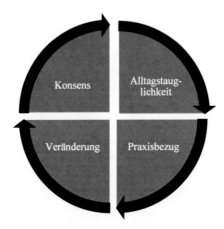

Abbildung 4: Die Grundpfeiler der VOB

---

[15] Vgl. VOB 1926, Vorwort
[16] Vgl. www.bmvi.de, Deutscher Vergabe- und Verdingungsausschuss für Bauleistungen, 14.04.2015

2.1 Die geschichtliche Entwicklung des Nebenangebotes im förmlichen Vergabeverfahren

Bereits mit der Schaffung dieser einheitlichen Vergabegrundsätze oder -ordnungen für das Deutsche Reich und die Deutschen Länder ist die Bedeutung von Nebenangeboten erkannt worden. Demnach definierten und reglementierten sie damals schon die Rolle des Nebenangebotes im förmlichen Vergabeverfahren und schafften somit erstmals Sicherheit für dessen sachgemäße Behandlung.

Bemerkenswert ist dabei, dass schon die Erstausgabe der VOB Teil A folgende Richtlinien für den Umgang mit Nebenangeboten beinhaltete:[17]

- § 9 Abs. 8: *„Nebenangebote zur Auswahl unterschiedlicher Ausführungsmöglichkeiten sind nur zu fordern, wenn es aus wichtigen Gründen geboten ist."*
- § 22 Abs. 2: *„Abänderungsvorschläge oder Nebenangebote müssen gegebenenfalls auf besonderer Anlage gemacht werden."*
- § 23 Abs. 3: [...] *„außerdem ist anzugeben, ob und von wem Nebenangebote oder Änderungsvorschläge eingereicht worden sind."*
- § 24 Abs. 2: *„Fristgemäß abgegebene Nebenangebote und Änderungsvorschläge können berücksichtigt werden; sie sind ebenso zu werten wie Hauptangebote, wenn sie bei der Ausschreibung ausdrücklich zugelassen worden sind."*
- § 25 Abs. 1: *„Der Auftraggeber darf mit dem Bieter nur verhandeln, [...] über etwaige Abänderungsvorschläge [...]"*

Diese ersten Versuche, sich mit der komplexen Thematik der Nebenangebote zu befassen, verdeutlichen zugleich das Ziel der Schaffung einer adäquaten Rechtssicherheit, aber auch die darin enthaltene latente Unsicherheit. Ein Indiz hierfür sind die nicht gerade juristisch belastbaren Textpassagen wie „aus wichtigen Gründen", „gegebenenfalls" und „können berücksichtigt" werden, da Interpretations- und Ermessensmöglichkeiten für die Vergabestelle offen gelassen werden. Nach nunmehr fast 100 Jahren VOB kann man diese Unsicherheit auch im Hinblick auf die große Anzahl von Nachprüfverfahren und Gerichtsurteilen nur zu gut nachvollziehen. Grundsätzlich tun sich nach wie vor alle Beteiligten mit dieser Materie schwer und der behördliche Reglementierungsdrang kann hierzu bis heute keinen vollumfassenden Lösungsansatz präsentieren.

Im weiteren Verlauf wurde die Thematik des Nebenangebotes in den folgenden Ausgaben der VOB Teil A weiterentwickelt, jedoch in Bezug auf die Ausgabe 1926 bis heute in ihrer Grundaussage nicht wesentlich verändert.

Die Entwicklung der Verdingungsordnung stellt sich im Einzelnen wie folgt dar:[18]

- 1897 Allgemeine Verfügung Nr. 3 der Preußischen Wasserbauverwaltung zum Verdingungswesen

---

[17] Vgl. VOB Teil A 1926
[18] Angaben aus dem Deutschen Instituts für Normung e. V. (DIN), Berlin 2014

2 Charakterisierung des Nebenangebotes

- 1921 Beschluss des Reichstages zur Einberufung eines Reichsverdingungsausschusses (RVA)
- 1926 Verabschiedung VOB Teile A, B, C (Kapitel I bis XXII) als Gesamtwerk
- 1947 Deutscher Verdingungsausschuss für Bauleistungen als Nachfolger des RVA
- Ausgabe 1952 (1. Fassung): Neufassung und Trennung der VOB Teil A, VOB Teil B und VOB Teil C (ATV), z. B.
  - neu § 21 Abs. 9
  - neu § 22 Abs. 3: Eröffnungstermin
  - neu § 24 Abs. 1: Verhandlung mit Bietern
  - neu § 25 Abs. 3: Wertung der Angebote
- Ausgabe 1958 (2. Fassung): z. B.
  - neu § 21 Abs. 2
  - neu § 22 Abs. 3.2: Eröffnungstermin
- Ausgabe 1961(als Ergänzungsband zu 1958)
- Ausgabe 1965 (3. Fassung): Überarbeitung VOB Teile A, B und C (Nummerierung nach ATV DIN)
- Ausgabe 1973 (4. Fassung): Überarbeitung von VOB Teile A und B, Einarbeitung von EG-Richtlinien, z. B.
  - neu § 9 Abs. 9
  - neu § 17 Nr. 4.1 und 3: Bekanntmachung
  - neu § 21 Abs. 2: Inhalt der Angebote
  - neu § 22 Abs. 6: Eröffnungstermin
  - neu § 24 Abs. 3: Verhandlung mit Bietern
  - neu § 25 Abs. 1.1: Wertung der Angebote
- Ausgabe 1976 (als Ergänzungsband zu 1973)
- Ausgabe 1979 (5. Fassung): Überarbeitung VOB Teile A,B und C, Anpassung AGB Gesetz und Umsatzsteuer
- Ausgabe 1988 (6. Fassung): Überarbeitung VOB Teil C
- Ausgabe 1990 (als Ergänzungsband zu 1988): Überarbeitung VOB Teil A, Einarbeitung BKR, z. B.
  - neu § 10 Abs. 5.2 und 4: Vergabeunterlagen
  - neu § 17 Nr. 1.2: Aufforderung zur Angebotsabgabe
  - neu § 17 Nr. 2.2: Aufforderung zur Angebotsabgabe
- Ausgabe 1992 (7. Fassung): Überarbeitung VOB Teil A, Einarbeitung der SKR, z. B.
  - neu § 21 Abs. 3: Inhalt der Angebote
  - neu § 22 Abs. 7: Eröffnungstermin
  - neu § 25 Abs. 5:Wertung der Angebote
- Ausgabe 1996 (als Ergänzungsband zu 1992): Überarbeitung VOB Teile B und C, Anpassung AGB-Gesetz, Harmonisierung ATV

2.1 Die geschichtliche Entwicklung des Nebenangebotes im förmlichen Vergabeverfahren

- Ausgabe 1998 (als Ergänzungsband zu 1992): Überarbeitung VOB Teile B und C, Harmonisierung ATV
- Ausgabe 2000 (9. Fassung): Überarbeitung VOB Teile B und C, Berücksichtigung EG-Richtlinien, WTO-Abkommen, z. B.
  - neu § 24 Abs. 1.1: Aufklärung des Angebotes
- Ausgabe 2002 (10. Fassung): Überarbeitung VOB Teile B und C, Umnennung in Vergabe- und Vertragsordnung
- Ausgabe 2005 (als Ergänzungsband zu 2002): Überarbeitung der ATV
- Ausgabe 2006 (11. Fassung): Überarbeitung VOB Teile B und C
- Ausgabe 2009 (12. Fassung): Überarbeitung VOB Teile B und C, Berücksichtigung GBW[19], Einführung der Sektorenverordnung (SektVO)[20]
- Ausgabe 2012 (13. Fassung): Überarbeitung VOB Teile B und C, Umsetzung Richtlinie 2009/81/EG
- Ausgabe 2015 (als Ergänzungsband zu 2012): Überarbeitung der ATV, eine neue Norm
- Ausgabe 2016 (wird in dieser Arbeit nicht betrachtet, vgl. Kapitel 1.2)

Nach dem Inkrafttreten des Grundgesetzes der Bundesrepublik Deutschland behielt die VOB ihre Gültigkeit. Darüber hinaus war das Vergaberecht in seiner Zielsetzung Teil des Haushaltsrechtes, so dass sich der Grundsatz des sparsamen und wirtschaftlichen Umganges mit öffentlichen Geldern sowie die Verpflichtung zur Ausschreibung und Vergabe auch in den Haushaltsordnungen des Bundes, der Länder und der Kommunen wieder fand.

Die Aufgliederung des Vergaberechtsrelevanten Teiles A der VOB in vier Abschnitte wurde erstmals in der Ausgabe 1992 vorgenommen. Ursache dafür war das Erfordernis, in diese Ausgabe neben der bereits integrierten EG-Baukoordinierungsrichtlinie auch die EG-Sektorenrichtlinie einzubeziehen. Damit war der Tatsache Rechnung getragen, dass jeweils von verschiedenen Gruppen von öffentlichen Auftraggebern unterschiedliche Einzelregelungen angewendet werden mussten.[21]

Eine „Weiterentwicklung" hat die Reglementierung des Nebenangebotes in der Rechtsprechung im Jahr 2003 erfahren, als der Europäische Gerichtshof (EuGH) mit der „Traunfellner-Entscheidung"[22] grundlegend in die Wertung von Nebenangeboten bei Vergabeverfahren oberhalb des Schwellenwertes[23] eingegriffen hatte. Demnach hatte der

---

[19] Gesetz gegen Wettbewerbsbeschränkungen vom 26.08.1998
[20] Sektorenverordnung vom 23.09.2009
[21] Angaben aus dem Deutschen Instituts für Normung e. V. (DIN), Berlin 2014
[22] Vgl. EuGH Urteil vom 16.10.2003, Az. Rs. C-421/01 = BauR 2004, 563 = VergabeR 2004, 50 = ZfBR 2004, 85 = IBR 2003, 683
[23] Vgl. EU-Verordnung Nr. 2015/2170, Schwellenwert für Bauleistung beträgt 5.225.000 EUR

EuGH vorgegeben, dass die Vergabestelle nicht nur Nebenangebote bereits in den Ausschreibungsunterlagen zulassen muss, wenn sie diese in die Wertung der Angebote einbeziehen will, sondern darüber hinaus zwingend bereits in den Verdingungsunterlagen Mindestanforderungen vorzugeben hat, die die abzugebenden Nebenangebote erfüllen müssen. Fehlen jedoch diese Mindestanforderungen, sind die Nebenangebote zwingend von der Wertung auszuschließen. Damit wurde ein wichtiger Schritt für die Praxis geleistet, indem mehr Sicherheit für die Aufstellung und Wertung von Nebenangeboten im täglichen Umgang geschaffen wurde. Insbesondere der Bieterschutz ist hierdurch gestärkt worden, da der Aufsteller oft befürchten musste, dass sein Nebenangebot ohne Eigenverschulden nicht gewertet wurde. Durch die „Traunfellner-Entscheidung" war ein gewisses Aufatmen sowohl auf Seiten der Auftraggeber als auch der Auftragnehmer und bis in die Politik zu verspüren, auch wenn es in der Folge mehrerer Vergabenachprüfverfahren bedurfte, um Klarheit in die Materie zu bringen. *"Eine Quelle an Ursachen für die Angreifbarkeit von Vergabeentscheidungen im Oberschwellenbereich war damit versiegt."*[24]

Die Neuregelung des Rechtsschutzsystems im Vergaberecht mit der Einführung des Vergaberechtsänderungsgesetzes (als 4. Teil des GWB) machte ab 01.01.1999 den korrigierenden Eingriff in laufende europäische Vergabeverfahren möglich. Die daraus resultierende umfangreiche Rechtsprechung (EuGH, BGH, OLG, VK) sowie die Einführung des Gesetzes zur Modernisierung des Schuldrechtes vom 26.11.2001 haben ebenso wie die dynamische Entwicklung im öffentlichen Auftragswesen insgesamt die Überarbeitung der bis dahin bezeichneten Verdingungsordnung für Bauleistungen notwendig gemacht. Am 12.09.2002 wurde die Neufassung der Vergabe- und Vertragsordnung für Bauleistungen (VOB 2002) bekannt gegeben. In der EU bildet zunächst der Gemeinschaftsvertrag (EG-Vertrag) die rechtliche Grundlage. Von Bedeutung sind hier insbesondere die Richtlinien[25]

- 2004/17/EG des Europäischen Parlaments und des Rates vom 31.03.2004 zur Koordinierung der Zuschlagserteilung durch Auftraggeber im Bereich der Wasser-, Energie- und Verkehrsversorgung sowie der Postdienste (Sektorenrichtlinie) und
- 2004/18/EG des Europäischen Parlaments und des Rates vom 31. März 2004 über die Koordinierung der Verfahren zur Vergabe öffentlicher Bauaufträge, Lieferaufträge und Dienstleistungsaufträge (Vergabekoordinierungsrichtlinie).

Diese Richtlinien enthalten auch Vorgaben zum Umgang mit Nebenangeboten. Zentrale Regelung war zunächst Art. 19 der Baukoordinierungsrichtlinie 93/97/EWG, auf den auch das EuGH mit der „Traunfellner-Entscheidung"[26] Bezug nahm:

---

[24] Vgl. Wanninger, Haben Nebenangebote noch eine Zukunft?
[25] Angaben aus dem Deutschen Institut für Normung e. V. (DIN), Berlin 2014
[26] Vgl. EuGH Urteil, C-252-01, vom 16.10.2003

2.1 Die geschichtliche Entwicklung des Nebenangebotes im förmlichen Vergabeverfahren

> *„Bei Aufträgen, die nach dem Kriterium des wirtschaftlich günstigsten Angebots vergeben werden sollen, können die Auftraggeber von Bietern vorgelegte Änderungsvorschläge[27] berücksichtigen, wenn diese den vom Auftraggeber festgelegten Mindestanforderungen entsprechen."*

> *„Die öffentlichen Auftraggeber erläutern in den Verdingungsunterlagen die Mindestanforderungen, die Änderungsvorschläge erfüllen müssen und bezeichnen, in welcher Art und Weise sie eingereicht werden können. Sie geben in der Bekanntmachung an, ob Änderungsvorschläge nicht zugelassen werden."*

> *„Die öffentlichen Auftraggeber dürfen einen vorgelegten Änderungsvorschlag nicht allein deshalb zurückweisen, weil darin technische Spezifikationen verwendet werden, die unter Bezugnahme auf einzelstaatliche Normen, mit denen europäische Normen umgesetzt werden, auf europäische technische Zulassungen oder auf gemeinsame technische Spezifikationen im Sinne von Artikel 10 Absatz 2 oder aber auf einzelstaatliche technische Spezifikationen im Sinne von Artikel 10 Absatz 5 Buchstaben a) und b) festgelegt wurden."*

Im Zuge der Vergaberechtsreform im Jahr 2009 wurde neben den in Kraft getretenen Änderungen der §§ 97 ff. GWB und der Vergabeordnung sowie der neuen SektVO, der VOL Teil A und der VOF auch die VOB Teil A neu geregelt. Dabei stellte die VOB Teil A 2009 ein nach Aufbau und Inhalt umfassend neu gestaltetes Regelwerk dar. Die Synopse beschränkte sich auf die Abschnitte 1 und 2 der VOB Teil A (Basis-Paragraphen und a-Paragraphen). Die Abschnitte 3 und 4 sind aufgrund des Inkrafttretens der SektVO entfallen. Durch die Neufassung der VOB Teil A sollte der Regelungsumfang reduziert und die Transparenz bei Vergaben nach dem ersten Abschnitt erhöht werden. Zu den wesentlichen inhaltlichen Änderungen der VOB Teil A 2009 zählen u. a. die zur Vereinfachung und Vereinheitlichung eingeführten Schwellenwerte als Ausnahmetatbestände für die Durchführung von beschränkten Ausschreibungen und freihändigen Vergaben[28] oder die Aufnahme von Regelungen, nach denen fehlende Erklärungen und Nachweise nachgereicht werden können. Durch die neu eingeführten Regelungen sollte ein Ausschluss von Angeboten insbesondere aus formalen Gründen soweit wie möglich verhindert werden.

Seit 2011 wird der Deutsche Vergabe- und Vertragsausschuss (DVA), durch das DIN betreut. Dabei erfolgt die Weiterentwicklung der VOB in 64 ehrenamtlichen Gremien. Die Freigabe der einzelnen Normen erfolgt in den drei Hauptausschüssen des DVA, bevor der DVA-Vorstand der Veröffentlichung zustimmt. Die Hauptausschüsse besitzen dabei folgende Zuständigkeiten:[29]

---

[27] Änderungsvorschläge oder Nebenangebote, vgl. Abschnitt 2.2 Begriffsbestimmung
[28] Vgl. Kratzenberg/Leupertz, VOB Teile A und B Kommentar, S. 7 Rdnr. 17, 18. Auflage
[29] Angaben aus dem Deutschen Instituts für Normung e. V. (DIN), Berlin 2014

- Hauptausschuss Allgemeines (HAA) für die VOB Teile A und B sowie ATV DIN 18299,
- Hauptausschuss Tiefbau (HAT) für 25 Normen der ATV 18300 bis 18326,
- Hauptausschuss Hochbau (HAH) für 38 Normen der ATV 18330 bis 18459.

Im Jahr 2012 wurde eine Neufassung der Vergabe- und Vertragsordnung für Bauleistungen (VOB 2012) bekannt gegeben. Der Schwerpunkt der Änderungen gegenüber der VOB 2009 liegt im Bereich der sogenannten EU-Verfahren, dem zweiten Abschnitt der VOB Teil A. Es erfolgte eine Zusammenführung der Basis- und der a-Paragraphen. Für Vergaben ab Erreichen der EU-Schwellenwerte gelten nun die Basisparagraphen nicht mehr zusätzlich, sondern in durchnummerierter Reihenfolge. Darüber hinaus wurde ein neuer Abschnitt 3 der VOB Teil A geschaffen, um die Richtlinie 2009/81/EG über Beschaffungen im Bereich Verteidigung und Sicherheit in nationales Recht umzusetzen.[30]

Die Ergänzungsausgabe zur VOB 2012 enthält insgesamt 67 DIN-Normen und besteht aus den Teilen A, B und C (vgl. Abbildung 5). Nur im Teil A wird Bezug auf das Nebenangebot genommen:[31]

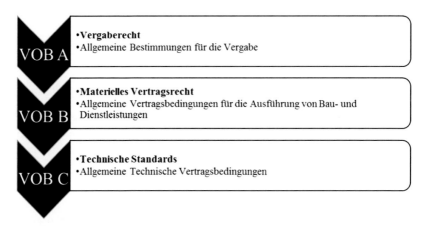

Abbildung 5: Teile der VOB

Das Nebenangebot findet sich in der VOB Teil A in folgenden Paragraphen wieder:

> § 8 Abs. 2 Nr. 3 – Der Auftraggeber hat anzugeben:
> a) ob er Nebenangebote nicht zulässt,
> b) ob er Nebenangebote ausnahmsweise nur in Verbindung mit einem Hauptangebot zulässt.

---

[30] Angaben aus dem Deutschen Institut für Normung e. V. (DIN), Berlin 2014
[31] Vgl. VOB Teil A 2012

2.1 Die geschichtliche Entwicklung des Nebenangebotes im förmlichen Vergabeverfahren

- ➢ § 8 Abs. 9 – Der Auftraggeber darf Angebotsunterlagen und […] eigene Vorschläge […].
- ➢ § 12 Abs. 1 Nr. 2 – Diese Bekanntmachungen sollen folgende Angaben enthalten:
  j) ggf. Angaben nach § 8. 2. 3 zur Zulässigkei von Nebenangeboten,
- ➢ § 13 Abs. 3 – Die Anzahl von Nebenangeboten […].
- ➢ § 14 Abs. 3 Nr. 2 – […] Zahl Nebenangebote eingereicht sind. […]
- ➢ § 14 Abs. 7 – […] Zahl ihrer Nebenangebote […].
- ➢ § 15 Abs. 1 Nr. 1 – […] Aufklärung […] etwaige Nebenangebote, […].
- ➢ § 15 Abs. 3 – Verhandlungen […] bei Nebenangeboten […].
- ➢ § 16 Abs. 1 Nr. 1 – Auszuschließen sind:
  e) und f) – Nebenangebote […].
- ➢ § 16 Abs. 8 – Nebenangebote sind zu werten, […].
- ➢ § 19 Abs. 1 – Nicht berücksichtigte Bieter […] (§ 16 Abs. 1) […].

Im Jahr 2014 erfolgte wieder eine Novellierung des EU-Vergaberechtes mit drei neuen Richtlinien zur Modernisierung des EU-Vergaberechts: [32]

1. Richtlinie über die Vergabe öffentlicher Aufträge (Richtlinie, RL 2014/24/EU)
2. Richtlinie über die Vergabe von Aufträgen durch Auftraggeber im Bereich der Wasser-, Energie- und Verkehrsversorgung sowie der Postdienste (Sektoren-Richtlinie, RL 2014/25/EU)
3. Richtlinie über die Konzessionsvergabe (neue Konzessions-Richtlinie, RL 2014/23/EU)

Diese traten am 17.04.2014 in Kraft und sollen bis zum 18.04.2016 [33] in nationales Recht umgewandelt werden. Ziele der Novellierung des EU-Vergaberechts sind eine Vereinfachung und Flexibilisierung der Vergabeverfahren, eine Erweiterung der elektronischen Vergabe sowie die Verbesserung des Zugangs für kleine und mittlere Unternehmen zu den Vergabeverfahren.[34]

Nachfolgend hat auch das Bundeskabinett am 07.01.2015 Eckpunkte für eine Reform des deutschen Vergaberechts im Rahmen der Umsetzung der neuen EU-Vergaberichtlinien beschlossen. Allgemeine Grundsätze sollten im GWB geregelt werden. Schwerpunkte sollten im Rahmen der Reform u. a. in den Bereichen nachhaltige Beschaffung, bei den Regelungen zur Eignungsprüfung, Tariftreue- und Mindestlohn und bei der Mittelstandsfreundlichkeit gesetzt werden. Freiräume für die öffentliche Hand sollten erhalten werden.

---

[32] Angaben aus dem Deutschen Instituts für Normung e. V. (DIN), Berlin 2014
[33] Vgl. Vergaberechts-Report 1/2015, S. 4
[34] Vgl. www.bmwi.de/DE/Themen/Wirtschaft/Wettbewerbspolitik/oeffentliche Aufträge, 04.06.2015

„*Im Hinblick auf die Wertung von Nebenangeboten hat sich die vergaberechtliche Praxis weit von den vergaberechtlichen Vorgaben entfernt.*"[35] Ähnlich schätzt das auch eine öffentliche Vergabestelle, welche im Rahmen der durchgeführten Datenerhebung angesprochen wurde, ein. Demnach hatten sich die Rollen des Nebenangebotes in der jüngeren Geschichte z. T. „extrem" verändert. „*Im Unterschwellenbereich ohnehin, aber auch im EU-weiten Vergabebereich wurde mit Nebenangeboten demnach, zumindest bis 2002, äußerst liberal sowohl bei der Zulassung von Nebenangeboten als auch die Wertung umgegangen. Die sich erst später etablierte Prüfung auf objektiv vorhandene Gleichwertigkeit wurde eher vernachlässigt und weniger restriktiv durchgeführt. In der Folge sind Nebenangebote bezuschlagt worden, die nach heutiger Rechtsprechung zwingend nicht zum Zuge hätten kommen dürfen.*" Die Vergabestelle führt weiter aus, dass erst die sogenannte „Traunfellner-Entscheidung" (Mindestanforderungen an Nebenangebote) einen Qualitätsschub in Bezug auf die vergaberechtliche Vorgehensweise mit Nebenangeboten bewirkt hat. Schließlich wird resümiert, dass sich „*leider die vergaberechtliche Situation noch weiter verschärft und die Vergabestellen vermehrt scheuen werden, einzelfallbezogene zusätzliche Zuschlagskriterien vorzugeben.*"[36] Hier zeigt sich die differenzierte Beurteilung der aktuellen Entwicklung, da sich wohl mit der weiteren Reglementierung von Nebenangeboten ein eher negatives Image für das Nebenangebot aufbaut. Unter Bezugnahme auf das Ansinnen der VOB-Erstausgabe wäre das sicherlich nicht die seiner Zeit angestrebte Entwicklung und würde insofern den Innovationsgedanken des Nebenangebotes torpedieren, ja es vermutlich sogar in eine untergeordnete Rolle drängen. Um dem entgegen zu wirken, hat das BMVBS zusammen mit den Bauwirtschaftsverbänden ein einfaches nichtmonetäres Wertungskriterium „Verkürzte Vertragsfrist" für EU-Vergaben abgestimmt, das dazu dienen soll, das Nebenangebot im Vergabeverfahren zuzulassen.

Der weitere geschichtliche Werdegang des Nebenangebotes ist aus heutiger Sicht nur schwer einschätzbar und wird wohl auch von der zukünftig mehr oder weniger progressiv geführten Lobbyarbeit der Bauunternehmen, als Initiativträger des Nebenangebotes, abhängen. Auf der Auftraggeberseite ist es hingegen oft nur erforderlich, den zunächst positiven Gedanken im Nebenangebot zu sehen und einen damit verbundenen Mehraufwand im Hinblick auf den generierten Vergabegewinn zu vernachlässigen und es nicht als „Trojaner" für die Änderung des Hauptangebotes respektive des Bauvertrages voreingenommen zu klassifizieren. Damit würde es zu einer Renaissance und Aufwertung in der geschichtlichen Entwicklung des Nebenangebotes kommen und den Gedanken aus der Ur-VOB, als „*Segen der deutschen Wirtschaft*" weiter tragen.

---

[35] Vgl. Straße und Autobahn, S. 441
[36] Auszug: Antwortschreibens einer Vergabestelle vom Januar 2015 im Rahmen der Datenerhebung

2.1 Die geschichtliche Entwicklung des Nebenangebotes im förmlichen Vergabeverfahren

Im sogenannten „Neudeutsch" braucht es also eine Win[37]-Win-Strategie[38] für das Nebenangebot, die im Verhältnis Auftraggeber/Auftragnehmer generell anzustreben und für den Projekterfolg unumgänglich ist. Die aktuell politisch zu Recht propagierte neu zu belebende Dialogkultur einer partnerschaftlichen Zusammenarbeit oder auch „Fair Business"[39] der Vertragsparteien genannt, steht damit im direkten Kontext und wird mitentscheidend für die Zukunft des Nebenangebotes als Baustein des öffentlichen Vergabewesens sein. Sollte dieser Prozess misslingen, könnte sich jedoch eine jetzt schon zum Teil angewandte Verfahrensweise etablieren, wonach Änderungsvorschläge aus der vorvertraglichen (Angebots-) Phase in die Bauvertragsphase, im Sinne eines sogenannten Nachtragsangebotes, verschoben werden. Dies würde dem Grundgedanken der VOB und hier insbesondere dem Wettbewerbsgedanken entgegenstehen.

Als Fazit bleibt festzustellen, dass es nach nunmehr fast 100 Jahren VOB einer Harmonisierung in Bezug auf den Umgang mit dem Nebenangebot bedarf, damit einem Abgleiten in bloße juristische Auseinandersetzungen und weitergehende behördliche Reglementierungen entgegen gewirkt wird. Hilfreich könnte hierbei eine eigens dafür aus beiden Lagern, nämlich der Auftraggeber und der Auftragnehmer, einberufene Expertenkommission sein, die wie bereits bei unseren Vorfahren in den 1920-er Jahren einen Konsens und geschichtlich progressiven Weg schafft oder vorgibt. Ansonsten besteht die Gefahr, dass das Nebenangebot zukünftig in der Bedeutungslosigkeit versinkt, was sich wiederum nachteilig (infolge steigender Vergabe- bzw. Baupreise) auf die gebotene „sparsame Haushaltsführung" der öffentlichen Hand auswirken dürfte.

Wie schon im Abschnitt 1.1 erwähnt, ist für ca. 1,2 Mio. öffentliche Bauaufträge mit einem Volumen von ca. 27 Mrd. EUR im Jahr, die VOB aktuell rechtliche Grundlage im Vergabeprozess in Deutschland.[40] *„Ungefähr 30 % dieses Auftragsvolumens werden nach den ins nationale Recht umgesetzten europäischen Vergaberichtlinien vergeben, da sie über dem Schwellenwert liegen. Bei ca. 60 % werden die Schwellenwerte nicht erreicht, das heißt, sie werden auf nationaler Ebene vergeben und national allgemein ausgeschrieben. Darüber hinaus werden ca. 7 % beschränkt und ca. 3 % freihändig vergeben."*[41] Die VOB hat sich demnach geschichtlich gesehen nicht nur etabliert, sondern auch ihre Alltags- und Zukunftsfähigkeit nachweislich unter Beweis gestellt. Das Nebenangebot als dessen Baustein durchlebte hierbei eine eigene dynamische Entwicklung, welche hauptsächlich durch Rechtsfragen auf nationaler und europäischer Ebene beeinflusst respektive bestimmt wurde und wohl weiterhin wird. Wünschenswert und volks-

---

[37] Englisch: Gewinner
[38] Für beide Parteien ergibt sich ein Gewinn oder beide Parteien sind Gewinner.
[39] Vgl. Allgemeine Bauzeitung, S. 3, 09/2015
[40] Vgl. Bundesministerium für Verkehr und digitale Infrastruktur; www.bmvi.de, 01.02.2014
[41] Vgl. www.dtad.de, Leitfaden-Marktvolumen in Deutschland, Stand: 2008, 10.11.2014

wirtschaftlich bedeutend wäre jedoch, dass sich zukünftig anstatt juristischer mehr baubetriebliche Aspekte in den Weiterentwicklungsprozess einbringen. Dies würde vor allem der Harmonisierung zwischen der Vergabestelle und dem Bieter, als vornehmlich Handelnde, zuträglich sein und das Verfahren insgesamt positiv entspannen und letztlich vereinfachen.

Die originäre Fragestellung, ob und wie sich das Nebenangebot in die geschichtliche Entwicklung des förmlichen Vergabeverfahrens einbindet, konnte hinreichend dargelegt und bestätigt werden. Es zeigt sich demnach, dass das Nebenangebot schon zu Beginn der förmlichen Vergabeverfahren in Deutschland ein bedeutender Baustein war, stetig weiter entwickelt wurde und bis heute ist.

2.2   Begriffsbestimmung

Untersucht man die den Bauvertrag umgebenden rechtlichen Rahmenbedingungen, wird man hinsichtlich einer substanziellen und integralen Begriffsdefinition hier nur schwerlich fündig. So verwendet unter anderem das Bürgerliche Gesetzbuch[42] an keiner Stelle den Begriff des Nebenangebotes. Ebenso wenig finden sich Ansatzpunkte im Gesetz gegen Wettbewerbsbeschränkungen[43] sowie in der VOB Teil B und Teil C. Lediglich die VOB Teil A verwendet den Begriff *Nebenangebot* und Änderungsvorschlag. Die ehemaligen Verdingungsordnungen und auch die aktuelle Vergabe- und Vertragsordnung beinhalten jedoch nicht einmal den Versuch einer begrifflichen Definition, was angesichts der deutschen Normierungs- und Regelungswut schon für sich genommen eine bemerkenswerte Erkenntnis ist.[44] Über die Abgrenzung zwischen den Begriffen Nebenangebot oder Änderungsvorschlag herrscht weitestgehend Unklarheit.[45] Dies belegen auch die Erläuterungen des Deutschen Verdingungsausschusses für Leistungen (DVAL), wonach der Begriff Nebenangebot jede Abweichung vom geforderten Angebot umfasst. Auch Änderungsvorschläge sind demnach als Nebenangebote zu betrachten.[46] Vor dem Hintergrund, wonach eine Differenzierung beider Begriffe wenig praxisrelevant und juristisch nicht rechtssicher zu führen wäre, ist zu empfehlen, sie unterschiedslos parallel zu gebrauchen oder gänzlich nur den Begriff des Nebenangebotes, da am meisten gebraucht, zu verwenden.[47] Gleiches gilt im Übrigen für die Synonyme „Sondervorschlag", „Alternative" und

---

[42] Bürgerliches Gesetzbuch, BGB, 1900 und 2002
[43] Gesetz gegen Wettbewerbsbeschränkungen, GWB, 1958 und 1999
[44] Vgl. Straße und Autobahn, S. 441
[45] Kapellmann/Messerschmidt, § 10 VOB/A, Rdn. 53; Motzke/Pietzcker/Prieß, § 10 VOB/A, Rdn. 17 ff.
[46] Weyand, ibr-online-Kommentar Vergaberecht, § 10 VOB/A, 83.6.7.1.; Daub/Eberstein, Einführung, Rdn. 109
[47] Rundschreiben des Bundesministers für Verkehr vom 04.03.1977, Az. StB 12/16/70, 18/120 10 Vms 77; Hofmann, a. a. O.

2.2 Begriffsbestimmung

„Variante".[48] Zusammenfassend lassen sich für das Nebenangebot die Synonyme Änderungsvorschlag, Abänderungsvorschlag, Alternative oder Alternativangebot, Sondervorschlag und Variante abgrenzen (vgl. Abbildung 6).

Abbildung 6: Synonyme für das Nebenangebot

Schalk nimmt folgende differenzierte Definition vor. *„Ein Nebenangebot soll vorliegen, wenn es sich um eine Änderung entweder des gesamten ausgeschriebenen Leistungsinhalts oder jedenfalls um grundlegende Änderungen oder Umgestaltungen wesentlicher Leistungsteile handelt. Ein Änderungsvorschlag beschränkt sich dagegen auf begrenzte Teile der vom Auftraggeber ausgeschriebenen Leistung. Es soll vorliegen, wenn ein Bieter nur inhaltliche Änderungen bezüglich einzelner Leistungsteile oder Leistungsbestandteile vornimmt. Dies ist etwa dann der Fall, wenn der Bieter gegenüber dem Amtsentwurf in den Verdingungsunterlagen des Auftraggebers etwa Umstellungen im Bauablauf ohne Auswirkungen auf die Bauzeit vornimmt. Ein Nebenangebot soll danach beispielsweise gegeben sein, wenn der Bieter die Leistung unverändert gegenüber den Verdingungsunterlagen des Auftraggebers anbietet, ihre Ausführung hingegen von anderen als in den Verdingungsunterlagen vorgesehenen vertraglichen Bedingungen abhängig macht. Belässt der Bieter somit die geforderte Leistung unverändert, bietet aber Abweichungen hinsichtlich der Ausführungsfristen, der Mängelhaftung oder der Einbeziehung einer Gleitklausel für Lohn und/oder Stoffe an, soll ein Nebenangebot vorliegen."*[49] Motzke,

---

[48] Dähne/Schelle, S. 1150; Hofmann, Nebenangebote im Bauwesen, S. 29; Schmidt-Breitenstein, Nebenangebote im Bauwesen, S. 69; Leimböck, S. 119
[49] Schalk, Nebenangebote im Bauwesen, S. 61

Pietzcker und Prieß vertreten hingegen die Auffassung, dass es sich bei einem Nebenangebot um eine umfassende Abweichung vom Hauptangebot handelt, während sich Änderungsvorschläge auf die ausgeschriebene Bauleistung beziehen und diese lediglich in Teilen abändert.[50]

Die Gemeindeprüfungsanstalt Baden-Württemberg versteht beispielsweise unter einem Änderungsvorschlag ein Zusatz-/Änderungsangebot eines Bieters, das keinerlei Abweichung von einem Hauptangebot oder von den Verdingungsunterlagen enthält, z. B. Alternativen zu einzelnen LV-Positionen.[51]

Nawrath formuliert: *„Änderungsvorschläge sind alle sonstigen Abweichungen vom ausgeschriebenen Leistungsinhalt, insbesondere die Änderung einzelner Leistungsbestandteile oder Umstellungen im Bauablauf mit oder ohne Auswirkung auf die Bauzeit. Diese sind also ohne gleichzeitige Abgabe eines Hauptangebots nicht denkbar, so dass hierüber eine dahingehende Ausschlussbestimmung nicht nötig ist."*[52]

In Abgrenzung zum Änderungsvorschlag soll demnach ein Nebenangebot vorliegen, wenn es sich um die Änderung entweder des gesamten vom Ausschreibenden vorgesehenen Leistungsinhaltes oder jedenfalls um grundlegende und größere Änderungen und Umgestaltungen in sich geschlossener bedeutsamer Leistungsteile handelt (wie z. B. andere Bauverfahren).[53]

Lediglich die 1. Vergabekammer des Freistaates Sachsen sah sich genötigt, folgendes festzustellen: *„Die Bezeichnung eines eindeutigen Nebenangebots als „Sondervorschlag" ist weder missverständlich, noch werden dadurch Verdingungsunterlagen geändert, noch wird es dem Auftraggeber durch die Wahl der Bezeichnung unmöglich gemacht, dieses Nebenangebot zu werten".*[54]

Mit der Neuausgabe der VOB im Jahre 2006 stellte der Deutsche Vergabe- und Vertragsausschuss für Bauleistungen als Normgeber nunmehr rechtlich klar, dass kein Unterschied zwischen einem „Änderungsvorschlag" und einem „Nebenangebot" vorzunehmen ist. Im Prozess der sprachlichen Bereinigung blieb schließlich der Begriff „Nebenangebot" allein übrig.[55]

„Der Begriff Nebenangebot, wie ihn unter anderem einige Paragrafen der VOB Teil A ausdrücklich verwenden, überdeckt auf den ersten Blick die tatsächliche Bedeutung in der Baupraxis und im Baurecht. Begriffe mit der Vorsilbe „Neben-" beschreiben in der Regel im allgemeinen ebenso wie im juristischen Sprachgebrauch etwas, das eher als

---

[50] Vgl. Motzke/Pietzcker/Prieß, § 25 VOB Teil A, Rdn. 133
[51] Vgl. GPA-Mitteilungen Bau, Sonderheft, S. 6, 1/2004
[52] Nawrath, Nebenangebote im Bauwesen, S. 29
[53] Vgl. www.vergabeblog.de, 11.10.2013
[54] Vgl. Wanninger, Haben Nebenangebote noch eine Zukunft?, S. 2
[55] Vgl. GPA-Mitteilungen Bau, Sonderheft, S. 6, 1/2004

2.2 Begriffsbestimmung

„unwichtig" oder „von geringerer Bedeutung" eingestuft wird – man denke dabei nur beispielsweise an Begriffe außerhalb der juristischen Terminologie wie „Nebensächlichkeit", „Nebengebäude" oder „Nebeneffekt" oder im juristischen Sprachgebrauch Ausdrücke wie „Nebenbeschäftigung", „Nebeneinkünfte", „Nebenkosten" oder „Nebenleistung" gemäß den Abschnitten 4.1 aller Allgemeiner Technischen Vertragsbedingungen (ATV) der VOB Teil C. Vielleicht ist dies auch der Grund dafür, dass das „Nebenangebot" bis heute noch keine umfassende juristische Betrachtung erfahren hat."[56] Die begriffliche Einordnung des Wortes „Nebenangebot" ist jedoch erforderlich, um die in der vorliegenden Arbeit betrachteten Sachverhalte im Kontext zu verstehen.

Das Wort Nebenangebot definiert sich zunächst im allgemeinen Sprachgebrauch über den Sammelbegriff Angebot. Demnach versteht man global unter einem Angebot, eine rechtlich verbindliche Willenserklärung des Bieters als Antwort auf eine Kundenanfrage.[57]

Schon die Erstausgabe der VOB Teil A beinhaltete den Begriff des Nebenangebotes oder Abänderungsvorschlag. Hier wurde zunächst nur sehr allgemein und in wenigen Passagen auf den Umgang mit Nebenangeboten eingegangen. Das Wort Nebenangebot erscheint darüber hinaus in einem eher negativen Kontext und wird streng reglementiert. So sind Nebenangebote nach § 9 Abs. 8 zu fordern, wenn es hierfür einen wichtigen Grund gibt und nach § 22 Abs. 2 als besondere Anlage eingereicht werden. Auch der Passus nach § 24 Abs. 2, wonach Nebenangebote berücksichtigt werden „können", verleiht dem Ansinnen nicht gerade das Merkmal der Willkommenheit oder positiven Forderung.[58]

Im Verlauf der geschichtlichen Entwicklung bekam das Nebenangebot, auch vor dem Hintergrund juristischer Auseinandersetzungen zwischen Bieter und Vergabestelle, sowohl von der Definition als auch vom Umgang her, einen immer höheren und auch differenzierteren Stellenwert, da hierdurch Eingriffe in das Vergabeverfahren erfolgten.

Auch die teils negative Beurteilung des Nebenangebotes dreht sich mit der Öffnung der Reglementierung, wonach Nebenangebote nicht nur in Verbindung mit einem Hauptangebot, sondern auch anstatt dessen zulässig sind. Nach § 8 VOB Teil A hat der Auftraggeber in der Bekanntmachung oder den Vergabeunterlagen anzugeben, dass er Nebenangebote nicht zulässt. Fehlt diese Angabe, sind Nebenangebote (im Umkehrschluss) zugelassen.[59]

Es liegt z. B. ein Nebenangebot vor, wenn ein Angebot inhaltlich von dem vom Auftraggeber in dessen Leistungsbeschreibung vorgesehenen Leistungsumfang abweicht.[60]

---

[56] Schalk, Nebenangebote im Bauwesen, S. 23
[57] www.wikipedia.de, 08.07.2015
[58] Vgl. VOB Teil A 1926
[59] Vgl. VOB Teil A 2012
[60] Belke, Vergabepraxis für Auftraggeber, S. 68

Unter Nebenangeboten versteht man ebenfalls Angebote eines Bieters, die neben dem eigentlichen Hauptangebot gemacht werden. Denkbar ist auch, dass ein Bieter ein Nebenangebot ohne Hauptangebot abgibt; auch ein solches Angebot ist grundsätzlich zulässig und zu werten.[61]

Auch die beispielhaft ausgewählten weiteren Definitionsansätze aus der aktuellen Literatur zeigen grundsätzlich denselben inhaltlichen Kontext.

➤ *„Nebenangebote sind Angebote der Auftragnehmer (Bieter), welche als Alternative zum Hauptangebot oder auch an Stelle des Hauptangebotes dem Auftraggeber vom Auftragnehmer unterbreitet werden."*[62]

➤ *„Nebenangebote weichen im Gegensatz zu Hauptangeboten von den Vergabeunterlagen ab, decken sich also mit diesen höchstens partiell, weshalb sie Alternativen zu den Hauptangeboten sind."*[63]

➤ *„Nebenangebote sind Vorschläge eines Bieters, die eine völlig andere Leistung anbieten als diejenige, die vom Auftraggeber in den Ausschreibungsunterlagen verlangt und vorgegeben worden ist. In diesem Sinne erfolgt das Nebenangebot neben oder an Stelle des Hauptangebots."*[64]

➤ *„Auf Grad, Umfang oder Gewichtung der Abweichung kommt es nicht an."*[65]

➤ *„Es handelt es sich um vom Bieter vorgeschlagene Vertragsänderungen, die aber technisch und wirtschaftlich zumindest gleichwertig sein müssen."*[66]

➤ *„Angebote, die Änderungen gegenüber Verdingungsunterlagen vorsehen oder mehr als nur die Preise und die geforderten Erklärungen enthalten oder nicht alle Preise und geforderten Erklärungen enthalten, somit sog. unvollständige Hauptangebote, die als Hauptangebote nicht gewertet werden dürfen, aber als Nebenangebote in Frage kommen können."*[67]

➤ *„Ein Nebenangebot liegt nur vor, wenn der Bieter von der ausgeschriebenen Leistung insbesondere aufgrund eigener alternativer Ideen (verwendetes Material, Vorgehensweise, etc.) abweicht."*[68]

➤ *„Die Praxis spricht von Nebenangeboten, wenn das Angebot des Bieters entweder den gesamten, vom Ausschreibenden vorgesehenen Leistungsinhalt (im Amtsentwurf) ändert oder wenn die Abweichung des Nebenangebots von der Leistungsbeschreibung im ‚Amtsentwurf' grundlegende Änderungen oder Umgestaltungen

---

[61] Quapp, Öffentliches Baurecht von A-Z, S. 605
[62] www.bausuchdienst.de, Wörterbuch zum Baurecht, 23.08.2013
[63] Dähne/Schelle, VOB von A-Z, S. 922 ff.
[64] Motzke/Pietzcker/Prieß, § 23 VOB Teil A, Rdn. 132
[65] Schweda, Zeitschrift für Vergaberecht, S.269, 2003
[66] Kapellmann/Messerschmidt, § 10 VOB Teil A, Rdn. 53, § 21 VOB Teil A, Rdn. 33
[67] Nawrath, Nebenangebote im Bauwesen, S. 43
[68] Vgl. VK Bund, Beschluss vom 13.12.2013 – VK 1-111/13

2.2 Begriffsbestimmung

in sich geschlossener Leistungsteile betrifft. Das Nebenangebot wird also ‚neben' dem Hauptangebot abgegeben."[69]

➢ *„Deshalb werden selbst Bietervorschläge, die eine völlig andere als die vorgeschlagene Leistung zum Gegenstand haben, als Nebenangebot angesehen."*[70]

➢ *„Ein Nebenangebot schließt seiner Definition nach die Option einer Abweichung von der Leistungsbeschreibung ein."*[71]

➢ *„Unabhängig davon, welcher Begriff nun der jeweils zutreffende sein mag, möchte ich aus Sicht der Bauindustrie unter dem Thema Nebenangebot ganz allgemein und umfassend das gezielte Einsetzen aller Möglichkeiten und Erfahrungen der Unternehmen verstanden wissen mit dem Ziel, für eine Bauaufgabe technisch und wirtschaftlich optimale Lösungen zu finden."*[72]

➢ *„Ein Nebenangebot liegt somit auch dann vor, wenn der Auftraggeber in den Vergabeunterlagen bei der Bezeichnung des Vertragsgegenstandes ein bestimmtes Verfahren zur Erreichung des Vertragsziels angegeben hat, und der Bieter ein anderes Verfahren zur Grundlage seines Angebots macht. Mit dieser Auslegung wird der Bedeutung der Zulassung von Nebenangeboten Rechnung getragen, in das Ausschreibungsverfahren neueste technische Erkenntnisse einzubeziehen, über die der Auftraggeber oft nicht wie der Bieter unterrichtet ist."*[73]

➢ *„Ein Nebenangebot (Synonym für die Begriffe: Sondervorschlag, Änderungswunsch oder Änderungsvorschlag) ist ein Angebot, das eine Abweichung von der vorgesehenen Leistungsausführung darstellt. Der Begriff ist insbesondere relevant bei Vergabe von Leistungen in förmlichen Vergabeverfahren."*[74]

➢ *„Es liegt nur vor, wenn Bieter von der ausgeschriebenen Leistung insbesondere aufgrund eigener Ideen (verwendetes Material, Vorgehensweise etc.) abweicht."*[75]

Das Nebenangebot verkörpert also im weiteren Sinne ein Sub- oder Alternativangebot zum eigentlichen Hauptangebot, welches sich durch klar definierte inhaltliche Änderungen gegenüber dem Hauptangebot abgrenzt. Es geht dabei, anders als das Hauptangebot, vom Bieter aus. Das Nebenangebot kann dabei auch ohne Abgabe des Hauptangebotes oder als Ergänzung bzw. Änderung zum Hauptangebot völlig separat dazu gemacht werden. Inwieweit ein Nebenangebot zusammen mit dem Hauptangebot oder auch ohne das Hauptangebot abgegeben werden kann, ist dabei in den Verdingungsunterlagen durch die Vergabestelle auszuweisen. Grundsätzlich ist die Abgabe eines Nebenangebotes gemäß

---

[69] BauR 2000, 1643 ff.
[70] Beschluss vom 11.08.2005, Verg 35-07/05
[71] Beschluss vom 18.03.2004, 6 Verg 1/04
[72] Schalk, Nebenangebote im Bauwesen, S. 68
[73] Urteil vom 30.04.1999, 13 Verg 1/99; BauR 2000, 405 = NZBau 2000, 105
[74] Belke, Vergabepraxis für Auftraggeber, S. 68
[75] VK Bund, Beschluss vom 13.12.2013 – VK 1-111/13

§ 8 Abs. 2 Nr. 3 b) VOB Teil A auch dann zulässig, wenn kein Hauptangebot abgegeben wird, soweit dieses der Form nach § 13 Abs. 1 VOB Teil A entspricht.[76]
Die exponierte Bedeutung des Nebenangebotes wird hingegen durch Puche wie folgt hervorgehoben: „[...] muss das Nebenangebot also besser sein, als das Hauptangebot. Darüber hinaus, [...] werden Vergaben oft durch Nebenangebote entschieden."[77]
Nebenangebote sind vereinfacht oder allgemein ausgedrückt Angebote, die in irgendeiner Hinsicht von den Vergabeunterlagen abweichen, z. B. in den technischen, kaufmännischen oder sonstigen Bedingungen. Sie sind daher in erster Linie in den Regelfällen interessant, in denen ein öffentlicher Auftraggeber im Vergabeverfahren eine eigene Lösung vorgibt, von der die Bieter dann mit Nebenangeboten im einen oder anderen Sinne abweichen können. Gibt der Auftraggeber demgegenüber schon gar keine definierte Lösung vor, weil er z. B. im Verhandlungsverfahren oder im Rahmen eines wettbewerblichen Dialogs komplexere Beschaffungen durchführt, wird es auf die Problematik von Nebenangeboten im Regelfall nur am Rande ankommen. Oftmals werden aber – z. B. im Sektorenbereich – auch im Verhandlungsverfahren vom Auftraggeber fest umrissene Lösungen vorgegeben, so dass Bieter auch hier mit Nebenangeboten erfolgreich sein können. Da das Gros der Beschaffung im Übrigen im offenen oder nicht offenen Verfahren und durch öffentliche oder beschränkte Ausschreibungen abgewickelt wird, spielen Nebenangebote eine überragend wichtige Rolle. Bei großen Bau- oder Infrastrukturvorhaben oder komplexen Dienstleistungen können sich durch Nebenangebote schnell Einsparungen in erheblicher Kostenhöhe ergeben. Auch bei kleineren Vergaben können sich Nebenangebote oft budgetschonend auswirken und retten mitunter sogar Finanzierungen und damit das Vorhaben. Das ist ein Grund mehr für den Auftraggeber, im Zusammenhang mit Nebenangeboten „alles richtig" zu machen. Für Bieter gilt im Übrigen dasselbe. Sie wenden oft erhebliche Ressourcen in Form von Personal, Zeit und Kosten für die Erstellung von technisch und wirtschaftlich ausgeklügelten Nebenangeboten auf, um dann wegen einer vergaberechtlichen Unzulänglichkeit damit zu scheitern. Schon ganz früh im Vergabeprozess müssen Auftraggeber nun die Weichen richtig stellen, um am Ende ein Nebenangebot tatsächlich beauftragen und die sich hieraus ergebenden Vorteile abschöpfen zu können. Bieter auf der anderen Seite dürfen das Augenmerk nicht nur auf die technische oder kaufmännische Überlegung richten, um mit einem Nebenangebot erfolgreich zu sein, sondern müssen sich auch um die vergaberechtlich korrekte und erfolgsversprechende Ausgestaltung bemühen.[78]

---

[76] Vgl. VOB Teil A 2012
[77] Vgl. Puche, AVA-Praxis, S. 151
[78] Vgl. www.vergabeblog.de, 06.07.2014

2.2 Begriffsbestimmung

Ein Nebenangebot liegt definitiv vor, wenn ein Bieter mit seinem Angebot inhaltlich von den vom Auftraggeber in dessen Verdingungsunterlagen vorgegebenen Leistungen abweicht, soweit es sich nicht um eine Abweichung von den technischen Spezifikationen handelt. Die inhaltliche Abweichung kann sich dabei auf die Leistung selbst, die Rahmenbedingungen des Vertrags oder die Abrechnung beziehen. Unerheblich sind dabei Grad, Umfang und Bedeutung der inhaltlichen Abweichung. Besteht eine solche Abweichung, liegt auch dann möglicherweise ein Nebenangebot vor, unabhängig davon, ob es als solches bezeichnet ist. Im Umkehrschluss zu o. g. Definition muss ein Hauptangebot vorliegen, wenn die im Leistungsverzeichnis geforderte Leistungsbeschreibung angeboten wird, so dass die Leistungsbeschreibung des Auftraggebers und das Hauptangebot des Bieters genau deckungsgleich sind.[79]

Bezieht sich ein Nebenangebot auf den gesamten Leistungsumfang des LV des Amtsentwurfs, spricht man allgemein von einem Sondervorschlag. Wenn sich hingegen das Nebenangebot auf Teilbereiche der Leistung des LV bezieht, wird es regelmäßig als Änderungsvorschlag klassifiziert.[80]

Bei europaweiten Ausschreibungen wird in den zu verwendenden Formularen von „Varianten/Alternativangeboten" gesprochen.[81]

Zusammenfassend können Nebenangebote für den Auftraggeber wirtschaftlich sehr interessant sein. Er sollte daher schon bei ihrer Zulassung alles richtig machen und die unterschiedlichen Kriterien bei oberhalb und unterhalb des Schwellenwertes liegenden Vergaben berücksichtigen.[82]

Die funktionalen Leistungsbeschreibungen gelten als Sonderfall, da es in der Regel keine Nebenangebote gibt. Der Bieter kann und sollte gleich von vornherein in seinem Angebot die Innovationsträchtigkeit seiner Produkte und Leistungen mit einbringen. Man kann daher schon davon sprechen, dass diese Bieterangebote standardmäßig in irgendeiner Form voneinander abweichen. Deshalb müssen bei Zulassung von Nebenangeboten aus Gründen des gleichen Wettbewerbs die Wertungskriterien mit der Ausschreibung bekannt gemacht werden, damit an dieser Stelle keine Manipulation möglich ist; dabei geht der Preis in die Bewertung mit ein. Bei den zugelassenen Nebenangeboten ist zu beachten, dass es sich hierbei um im Sinne des Vergaberechts wertbare Nebenangebote handeln muss. In Abgrenzung dazu sind die Angebote zu sehen, die durch Veränderungen der Ausschreibungsbedingungen zwingend schon in Wertungsstufe 1 auszuschließen sind (Beispiel: Beilegen eigener Geschäftsbedingungen durch die Bieter).[83]

---

[79] Vgl. vergabeblog.de, 20.07.2014
[80] Vgl. vergabeblog.de, 23.11.2014
[81] Vgl. www.europa.eu, Ziffer 1.9 Bekanntmachungsformular, 04.05.2015
[82] Vgl. www.vergabeblog.de, 16.02.2014
[83] Vgl. Schalk, Nebenangebote im Bauwesen, S. 31

Das Nebenangebot grenzt sich demnach im Allgemeinen, wie in der Abbildung 7 dargestellt, vom Hauptangebot ab.[84]

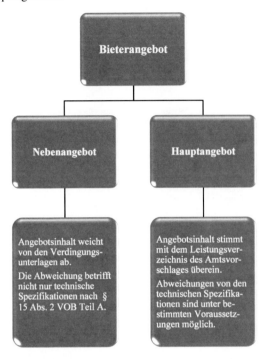

Abbildung 7:   Abgrenzung des Nebenangebotes

Die Unterschiede und Wertungskriterien für Nebenangebote werden in den nachfolgenden Abschnitten weitergehend und tiefgründiger analysiert. Dabei gibt es abweichende Betrachtungsweisen hinsichtlich der Klassifizierung von Vergabeverfahren sowohl unterhalb als auch oberhalb des EU-Schwellenwertes. Insbesondere die Thematik der Festlegung von Mindestkriterien für Nebenangebote führte in den letzten Jahren zu einer zum Teil kontroversen „Auseinandersetzung" zwischen Bietern und Vergabestellen, die nicht zuletzt in Nachprüfverfahren und Klagen endeten.

Die Frage, ob ein Nebenangebot vorliegt oder nicht und inwieweit es gewertet wird, spielt im förmlichen Vergabeverfahren daher eine immer bedeutendere Rolle. Vor allem deshalb, da sich hieraus explizit die Zuschlagsentscheidung ableiten kann. Die aktuellen Entwicklungen in Bezug auf eine Harmonisierung des Vergabeprozesses fokussieren sich

---

[84] Vgl. Teil A VOB 2012

augenscheinlich deshalb vornehmlich darauf, eine transparente und juristisch belastbare Handlungsanweisung zu schaffen.

Aufgrund des Unikatcharakters der Bauprojekte wird es schwierig zu bewerkstelligen sein, alle Möglichkeiten in eine Vorschrift zu bündeln, wie die jetzt vorliegenden Gesetzesvorgaben nachweislich beweisen. Wie in der Vergangenheit werden wir auch in der Zukunft damit leben müssen, dass Vergabeverfahren auch ein Stück subjektive Handlungsfreiheit beinhalten.

2.3 Inhaltliche Unterscheidungen von Nebenangeboten

Aus der Definition zum Nebenangebot ergibt sich, dass in jedem Fall eine Abweichung von den Verdingungsunterlagen des Auftraggebers und damit zum Hauptangebot vorliegen muss. Eine Festlegung der Art der Abweichung ergibt sich aus keiner Definition. Diese kann technischer Art sein oder sich auf sonstige Vertragsbestimmungen aus dem Amtsvorschlag beziehen.[85]

Ganz allgemein lassen sich Nebenangebote in monetär, nicht monetär, technisch, organisatorisch und Vermarktung integral klassifizieren (vgl. Abbildung 8).

Abbildung 8:   Arten von Nebenangeboten

---

[85] Vgl. Kapellmann/Messerschmidt, VOB Teile A und B, § 21 VOB Teil A, Rdn. 33

Wie in der Abbildung 9 dargestellt, werden Nebenangebote im Vergabeverfahren dadurch unterschieden, ob sie eine Abweichung in der Leistung, den Rahmenbedingungen oder den Abrechnungsmodalitäten beinhalten.

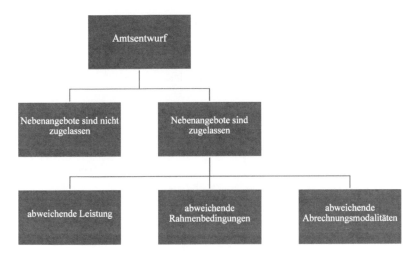

Abbildung 9: Nebenangebote im Vergabeverfahren

Eine *abweichende Leistung* stellt in der Regel alternative Konstruktionen, Materialien, Fabrikate und Bauverfahren dar. Als *abweichende Rahmenbedingungen* werden hingegen alternative Bauabläufe, eine veränderte Baustellenorganisation, veränderte Bauzeiten und die Verlagerung von Schnittstellen klassifiziert. Hingegen gelten als *abweichende Abrechnungsmodalitäten* meist der alternative An- und Verkauf von Materialien, andere Zahlungspläne und -ziele, Finanzierungsangebote und Teilpauschalierungen.[86]

Es gibt jedoch noch weitere Klassifizierungsmerkmale für Nebenangeboten, die nachfolgend erörtert werden.

Technische Nebenangebote stellen allgemein zunächst die klassische Form dar und besitzen meist den höchsten Stellenwert im Vergabeverfahren. Sie stellen dem Grunde nach eine Abweichung von der Leistung dar. Dabei müssen sie in der Regel jedoch den allgemeinen Techniksstandards, wie den eingeführten DIN-Normen sowie dem anerkannten Stand der Technik genügen.

Man kann Nebenangebote und Wertungskriterien zunächst allgemein in monetär und nichtmonetär klassifizieren. Dabei sind ***monetäre***[87] Kriterien für die Kalkulation eines

---

[86] Vgl. Bargstädt/Grenzdörfer, Bedeutung von Nebenangeboten für die Akqusitionsphase
[87] Finanziell oder Geld betreffend

2.3 Inhaltliche Unterscheidungen von Nebenangeboten

Angebotes maßgeblich, da sie letztlich Einfluss auf die Gesamtaufwendungen für eine Leistung haben, wie z. B.

- Preis (bedingte und unbedingte Nachlässe, Skonto, Pauschalierung),
- Qualität,
- Innovation,
- Höhe etwaiger Reparatur-, Unterhaltungs-, Wartungs- und sonstiger Folgekosten,
- Lebensdauer.

Alle sonstigen Kriterien gelten als *nichtmonetär*, wie z. B.

- Technischer Wert,
- Ästhetik,
- Zweckdienlichkeit,
- Ausführungs- und Lieferfristen,
- Umwelteigenschaften,
- Spekulationen und Risiken (Lohn- und Stoffgleitklauseln, etc.),
- Sicherheitsmaßnahmen und Gesundheitsschutz.

Grundsätzlich müssen Nebenangebote jedoch so gestaltet sein, dass der Auftraggeber sie prüfen, werten und dabei feststellen kann, ob sie gleichwertig oder objektiv besser und für ihn zweckdienlich sind.[88]

Eine weitere Möglichkeit potenzielle Nebenangebote einzuteilen ergibt sich, indem man sie in *technisch* und *organisatorisch* wie folgt verifiziert:[89]

(1) Technische Nebenangebote
- Minimierung auf das notwendige Maß,
- Material/Fabrikate,
- Konstruktion,
- Systemlösungen,
- Bauverfahren.

(2) Organisatorische Nebenangebote
- Service (z. B. Planungsleistungen, Einsparungen für Folgeleistungen, Pauschalierung, Zusatzleistungen ohne Mehrkosten),
- Vertrag/Vergütung (z. B. Finanzierung, Sicherheitsleistungen, übrige Vertragsbedingungen),
- Bauausführung (z. B. Bauzeit, Schnittstellen, alternative Bauabläufe und Fertigungsvarianten),

---

[88] Vgl. Huber, www. vivis.de, Technische Kriterien für die Vergabe an den Bestbieter, 11.10.2012
[89] Vgl. Bargstädt, www.e-pub.uni-weimar.de, Bauhaus Universität Weimar, 09.09.2015

- Betrieb des fertigen Bauwerks (z. B. Wartung, Gewährleistung, Betriebsorganisation, alternative Technologien).

Darüber hinaus lässt sich das Nebenangebot auch für Vermarktungszwecke verwenden und in diese kategorisieren. In diesem Bereich können Nebenangebote unter anderem die Funktion als sogenannte „Eyecatcher"[90] übernehmen. Diese Nebenangebote transportieren oft nur bestimmte Botschaften und dienen der Verhandlungsmasse oder werden nur abgegeben, um mit dem Auftraggeber ins Gespräch zu kommen. Vor allem im Rahmen der Neukundengewinnung kann sich diese Art des Nebenangebotes für das Bauunternehmen lohnen, da hier die Basis für eine breitere Kommunikation und weg von der schlichten Preiswertung gelegt wird.[91]

In der Praxis kommt es auch vor, dass Bieter zwei oder mehrere technisch identische Nebenangebote abgeben, die sich lediglich im Preis unterscheiden. Diese Nebenangebote sind gemäß aktueller Rechtsprechung[92] zwingend auszuschließen.

Durch die Bieter werden nicht selten Verknüpfungen und Kombinationsmöglichkeiten offeriert, wenn mehrere Nebenangebote abgegeben worden sind. Damit diese Kombinationsmöglichkeiten auch gewertet werden, muss dies in jedem einzelnen Nebenangebot dokumentiert sein. In der Praxis bedient man sich dabei einer sogenannten Kombinationsmatrix, die dem Nebenangebot beigelegt wird. Hieraus kann eindeutig abgeleitet werden, dass z. B. das Nebenangebot 1 (Stahlverbundbrückenüberbau) mit dem Nebenangebot 4 (Bohrpfahlgründung der Brücke) kombinierbar ist.

Eine Beschränkung des Ausschreibungswettbewerbs auf bestimmte Arten von Nebenangeboten ist möglich. Die Vergabestelle kann beispielsweise in den Bewerbungsbedingungen eine eindeutige Regelung dahingehend treffen, dass andere Nebenangebote als solche, die in technischer Hinsicht von der Leistungsbeschreibung abweichen, gar nicht oder nur in Verbindung mit einem Hauptangebot zugelassen sind.

Die Bedingungen zur Abgabe von Nebenangeboten werden regelmäßig in den Verdingungsunterlagen, in Form der folgenden einheitlichen Fassung der Bewerbungsbedingungen[93], von der öffentlichen Vergabestelle spezifiziert:

5. Nebenangebote

5.1 Soweit an Nebenangebote Mindestforderungen gestellt sind, müssen diese erfüllt werden; im Übrigen müssen sie im Vergleich zur Leistungsbeschreibung qualitativ und quantitativ gleichwertig sein. Die Erfüllung der Mindestanforderungen bzw. die Gleichwertigkeit ist mit Angebotsabgabe nachzuweisen.

---

[90] Blickfang, Hingucker, Aufmerksamkeit erzielen wollen
[91] Vgl. Bargstädt, www.e-pub.uni-weimar.de, Bauhaus Universität Weimar, 09.09.2015
[92] Vgl. OLG München, 29.10.2013, Az.: Verg 11/13
[93] Vgl. Vergabehandbuch des Bundes, Bewerbungsbedingungen für die Vergabe von Bauleistungen

2.3 Inhaltliche Unterscheidungen von Nebenangeboten

5.2 Der Bieter hat die in den Nebenangeboten enthaltenen Leistungen eindeutig und erschöpfend zu beschreiben; die Gliederung des Leistungsverzeichnisses ist, soweit möglich, beizubehalten. Nebenangebote müssen alle Leistungen umfassen, die zu einer einwandfreien Ausführung der Bauleistung erforderlich sind. Soweit der Bieter eine Leistung anbietet, deren Ausführung nicht in den Allgemeinen Technischen Vertragsbedingungen oder in den Vergabeunterlagen geregelt ist, hat er im Angebot entsprechende Angaben über Ausführung und Beschaffenheit dieser Leistung zu machen.

5.3 Nebenangebote sind, soweit sie Teilleistungen (Positionen) des Leistungsverzeichnisses beeinflussen (ändern, ersetzen, entfallen lassen, zusätzlich erfordern), nach Mengensätzen und Einzelpreisen aufzugliedern (auch bei Vergütung durch Pauschalsumme).

5.4 Nebenangebote, die den Nummern 5.1 bis 5.3 nicht entsprechen, werden von der Wertung ausgeschlossen.

Darüber hinaus hat die Vergabestelle u. a. im Rahmen der „Aufforderung zur Abgabe eines Angebotes" die Möglichkeit, weitergehende Zulassungskriterien für Nebenangebote festzulegen. Zu nennen sind hier beispielhaft:[94]

- Nachlässe mit Bedingungen,
- Nebenangebote für abgegrenzte Bereiche des Leistungsverzeichnisses,
- Nebenangebote nur in Verbindung mit einem Hauptangebot,
- Nebenangebote, die zu einer Verlängerung oder Überschreitung der Fertigstellungsfrist (Bauende) führen,
- Hinweispflicht bei abweichender Verfahrens- und Prozesstechnik,
- Darstellung des zeitlichen Bauablaufes bis zur Inbetriebnahme,
- umfassen Nebenangebote Änderungen gegenüber der geplanten Konstruktion, sind dem Angebot prüfbare statische Nachweise beizufügen,
- Der Auftragnehmer trägt die volle Verantwortung und das Risiko der technischen Durchführbarkeit seines Nebenangebotes,
- für die Nebenangebote sind vom Auftragnehmer alle für das gesamte Bauvorhaben erforderlichen Anträge, Bewilligungen und Genehmigungsverfahren vorzubereiten und durchzuführen.

Als Zuschlagskriterien gelten beispielsweise Qualität, Preis, Technischer Wert, Ästhetik, Zweckmäßigkeit, Umwelteigenschaften, Betriebs- und Folgekosten, Kundendienst, Technische Hilfe sowie die Ausführungsfrist.[95]

---

[94] Vgl. Vergabehandbuch 211 EU , Aufforderung zur Abgabe eines Angebotes
[95] Bargstädt/Grenzdörfer, Bedeutung von Nebenangeboten für die Auftragsakquisition

2 Charakterisierung des Nebenangebotes

Um den Zuschlag für ein ausgeschriebenes Bauvorhaben zu erhalten, werden von den Bauunternehmen eine Vielzahl von Varianten genutzt, ein Nebenangebot zu erstellen. Bauunternehmer sind demnach bei der Erstellung von Nebenangeboten recht flexibel und einfallsreich. So werden Nebenangebote regelmäßig für fast alle vorstellbaren Abgrenzungskriterien abgegeben.

Es ergibt sich im Spartenvergleich folgende Reihung für abgegebene Nebenangebote (vgl. Abbildung 10):[96]

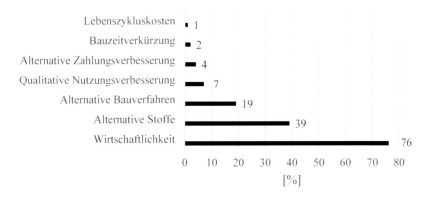

Abbildung 10: Stellenwert von Nebenangeboten

An erster Stelle steht demnach mit 76 % die Wirtschaftlichkeit, gefolgt von alternativen Baustoffen mit 39 % und alternativen Bauverfahren mit 19 % sowie Nutzungsverbesserungen mit 7 %, den Zahlungsbedingungen mit 4 %, der Bauzeitverkürzung mit 2 % und schließlich den Lebenszykluskosten mit 1 %.

Hierbei zeigte sich, dass bei der Wirtschaftlichkeitsbewertung interessanterweise der Bezug auf den Lebenszyklus so gut wie keine Rolle spielte. Dies ist umso erstaunlicher, als dass sich in Fragen der Lebenszykluskosten nachweislich enorme Kosteneinsparungen generieren lassen.

Es gibt zahlreiche Untersuchungen, wie sich die Kosten in der Phase der Gebäudeerrichtung und der Gebäudenutzung[97] aufteilen können. Wie die Abbildung 11 zeigt, können 76 % der Kosten z. B. bei einer Immobilie während der Nutzungsphase entstehen und somit ein werthaltiges Nebenangebot ergeben. Hingegen fällt meist der geringere Kostenanteil im Rahmen der Gebäudeerrichtung an.

---

[96] Vgl. BBR-Online-Publikation, Nr. 14/2008, Sind Nebenangebote innovativ?, S.34
[97] Lebenszykluskosten

2.3 Inhaltliche Unterscheidungen von Nebenangeboten

Abbildung 11: Typische Verteilung der Gebäudekosten[98]

Ein Grund für die zurückhaltende Betrachtung und Einrechnung der Lebenszykluskosten in Nebenangebote könnte vor allem in der Unsicherheit mit der Materie sowie in einer prüfbaren und wertbaren Kostenprognose liegen, da zukünftige Kostenentwicklungen vor allem beim Lohn (z. B. Tarifabschlüsse) und Material (z. B. Weltmarktpreise) nur schwer vorhergesehen und damit belegt werden können.

Die Abbildung 11 zeigt deutlich, wie die Lebenszykluskosten eines Gebäudes gelagert sein können. Danach entfallen ca. 76 % der Lebenszykluskosten auf die Gebäudenutzung, 19 % auf die Gebäudeerrichtung, 3 % auf die Projektentwicklung und 2 % auf die Gebäudeverwertung. Wird bei der Gebäudeerrichtung gespart, kann das erhebliche Mehrkosten für den Zeitraum der Gebäudenutzung nach sich ziehen. Diese Mehrkosten für die Gebäudenutzung können sich oft bei kleineren Änderungen, wie z. B. dem Einsatz von pflegeleichten zu pflegeintensiveren Bodenbelägen oder anderen Oberflächenqualitäten, bemerkbar machen. Darüber hinaus können höhere Reinigungsintervalle anfallen oder unter Umständen aufwändigere Reinigungsmethoden mit speziellen Maschinen notwendig werden.

Ein weiteres Beispiel sind dämmende Materialien wie z. B. bei Außenwandsteinen. Wird an diesen Materialien gespart und vergleichsweise „billiger" Baustoffe verarbeitet, kann dies zu signifikant schlechteren Dämmeigenschaften führen. Die Folge sind regelmäßig höhere Heizkosten für den Betreiber, die über die Gesamtheit des Nutzungszeitraumes anfallen und ab einem bestimmten Punkt die erhofften Einsparungen übertreffen.

Wurde bei Anschaffung und Einbau also nur gespart, um die Gebäudeerrichtungskosten zu drücken, muss in der Nutzungsphase des Bauwerkes möglicherweise das Vielfache an Unterhaltskosten investiert werden.

Sinngemäß wird auch die Bauzeitverkürzung oft unterbewertet. Angesichts der teilweise recht großen Belastungen, welche Baustellen auf die Umwelt und die Anwohner ausüben

---

[98] Vgl. www.fm-die-moeglichmacher.de, Folge 7, Lebenszykluskosten, 22.03.2013

2 Charakterisierung des Nebenangebotes

können, sollte auch der Bauzeitverkürzung eine angemessene und progressive Bewertung zukommen. Die sich bei einer Bauzeitverkürzung ergebenden Kosteneinsparungen z. B. bei einer Ausführung im Mehrschichtsystem, sind oft nur marginal und spielen daher eine untergeordnete Rolle. Ebenso verhält es sich mit Nebenangeboten, die verbesserte Sicherheits- (z. B. eine größere Breite bei Fassadengerüsten) und Gesundheitsschutzmaßnahmen (wie z. B. verminderte Lärm- und Staubbelastungen) vorschlagen. Eine Bewertungsmatrix könnte hier Abhilfe schaffen und die Quote für derartige Nebenangebote verbessern.

Nebenangebote generieren mit einer Quote von ca. 76 % (vgl. Abbildung 10) eine Verbesserung der Wirtschaftlichkeit. Das könnte ein Indiz dafür sein, dass der Amtsentwurf oft nicht das zum Zeitpunkt des Vergabeverfahrens geltende Preisniveau zu Grunde gelegt hat. Dies liegt häufig daran, dass die fertigen Ausschreibungsunterlagen aufgrund knapper öffentlicher Kassen ihr Dasein zum Teil jahrelang im Aktenschrank fristen. Vor allem bei Baustoffen, deren Kosten direkt vom Weltmarkt beeinflusst werden, werden die aktuellen Marktpreise nicht korrekt berücksichtigt. Hier waren in der Vergangenheit bei einzelnen Baustoffen Preisschwankungen im Bereich von 20 % bis 30 % und mehr keine Seltenheit. Ist ein Bauprodukt werthaltig von derartigen Preisschwankungen betroffen (z. B. eine Stahlbrücke), kann sehr schnell ein anderes Bauverfahren (z. B. Betonbauweise) wirtschaftlicher werden. Die Vergabestellen sind daher gut beraten, wenn sie länger liegende Verdingungsunterlagen kurz vor der Ausschreibung noch einmal vom Aufsteller auf Plausibilität und Aktualität prüfen lassen. Nebenangebote können daher, wie im vorbeschriebenen Fall, auch zum „Rettungsanker" für das Budget des Bauherrn werden, da oft erhebliche Kosteneinsparungen erzielt werden. Falls die Verdingungsunterlagen hier jedoch eine zu starke Reglementierung oder die Nichtzulassung von Nebenangeboten beinhalten, kann das Submissionsergebnis auch zum Fiasko für die Vergabestelle avancieren, wenn nämlich die submittierte Angebotssumme über der Kostenprognose liegt und somit eine Aufhebung des Verfahrens droht.

Als Sonderfall gelten in der Regel Nebenangebote, die gegenüber dem Hauptangebot einen Mehrkostenbetrag oder eine verlängerte Bauzeit ausweisen. Auch diese Nebenangebote haben in der Praxis reale Erfolgschancen, da sie trotz vermeintlich höherer Bau- und ggf. auch Planungskosten dem Bauherrn einen Mehrwert bringen können. Das ist vor allem dann interessant, wenn sich Vorteile hinsichtlich der Risikominimierung (z. B. statt einem Rüttelverfahren ein Spundbohlenpressverfahren), der Lebenszykluskosten (z. B. bessere Materialeigenschaften) und einer Reduzierung der Umweltbelastung (Bauzeitverkürzung) ergeben. Leider wird diesen Nebenangeboten, sowohl auf Bieter- als auch Bauherrenseite, zu wenig Bedeutung beigemessen, obwohl der volkswirtschaftliche Nutzen klar auf der Hand liegt.

2.3 Inhaltliche Unterscheidungen von Nebenangeboten

2.3.1 Abweichung bei der Leistung

Bei einer vom Bieter vorgenommenen Abweichung der Leistung handelt es sich um die klassische Form des Nebenangebots, das auch technisches Nebenangebot genannt wird.[99] Eine technische Alternative zur ausgeschriebenen Leistung muss so klar und umfassend beschrieben sein, dass der Auftraggeber die Vereinbarkeit mit den Ausschreibungsbedingungen und die Eignung der alternativ angebotenen Leistung für den vorgesehenen Zweck beurteilen kann.[100]

Hinsichtlich des Ausmaßes und der Spanne der Abweichung der Leistung bestehen grundsätzlich keine Beschränkungen. Der Bieter kann im Rahmen seines Nebenangebots sowohl nur einzelne Leistungsbestandteile der Verdingungsunterlagen als auch technisch grundlegende in sich geschlossene Leistungsteile oder aber die Ausführung der gesamten Leistung abändern.[101]

Mögliche Varianten eines technischen Nebenangebots bestehen z. B. in der

- Änderung des vom Auftraggeber gewählten Bauverfahrens, wie z. B. der Einsatz einer Vortriebsmaschine beim Tunnelbau anstatt der ausgeschriebenen Ausführung mit Hilfe von Sprengen und Bohren, Lockerungssprengungen zum Aushub eines Rohrgrabens statt dem ausgeschriebenen Fräsen, die Anwendung des Microtunnelingverfahrens statt der Verlegung einer Rohrleitung im offenen Rohrgraben oder

- in der Änderung der gewählten Baustoffe, wie z. B. eine andere Stärke von Bauelementen als ausgeschrieben, rostfreiem statt gewöhnlichem Stahl, Isolierglas statt einem einfachen Bauglas oder

- in der Änderung der gewählten Baumaterialien, wie z. B. andere Dachziegel statt Dachpfannen, Kunststoffrohre statt Gussrohre.

Zu beachten ist, dass dann noch kein Nebenangebot vorliegt, wenn die Abweichung darin liegt, dass ein Produkt oder Verfahren angeboten wird, das von einem anderen Hersteller stammt, gleichwertig jedoch mit dem ausgeschriebenen ist.[102]

Im Jahr 2008 wurden durch das Bundesamt für Bauwesen und Raumordnung Bauverwaltungen nach innovativen bezuschlagten Nebenangeboten befragt. Im Hochbau betrafen die als innovativ zu bezeichnenden bezuschlagten Nebenangebote in den meisten Fällen die Haustechnik, vor allem Heizung, Lüftung und Licht, den Rohbau das Dach und den Brandschutz. Beispiele für innovative Lösungen bezogen sich auch auf die Verbesserung des qualitativen Nutzens, wie z. B. durch eine bessere Raumregelungsstrategie und eine

---

[99] Vgl. VK Sachsen, Beschluss vom 14.12.2001, 1/SVK/123-01
[100] Vgl. Hofmann, Nebenangebote im Bauwesen, Band 8, S. 28
[101] Vgl. www.vergabeblog.de, 19.06.2015
[102] Vgl. www.vergabblog.de, 10.11.2014

geänderte technische Lösung bezüglich der Schwenkbarkeit von Lamellen. Im Straßen- und Tiefbau sowie Ingenieur- und Brückenbau umfasste die Mehrzahl der Nebenangebote folgende *innovative* Lösungen:[103]

- Erdbetonstützkörper anstelle konventioneller Spritzbetonkonstruktion,
- Rahmenbauweise für 3-Feldbauwerk (Amtsvorschlag: normal gelagerte Brücke),
- Alternative für die Ableitung von Oberflächenwasser (Regenwasserkonzept),
- wiederverwendbares Überbau-Fertigteil in Spannbeton (Amtsvorschlag: mit Stahlträgern),
- integrale Bauweise bei der Verlegung einer Bundesstraße im Zuge des Neubaus einer Brücke,
- Einsatz von selbstverdichtendem Beton,
- geändertes statisches System im Zuge einer Ortsumgehung,
- alternative Gründungsvariante,
- neues Baukastensystem für Brücken in Verbundbauweise mit Einsparung von Material und Arbeitszeit durch innovatives „querorientiertes" Baukastensystem,
- Bauzeitenverkürzung durch geänderte Art der Verkehrsführung (Reduzierung der notwendigen Verkehrsumlegungen),
- Kappenabbruch mit Diamantsäge statt Abbruchhammer,
- Optimierung der Überbauquerschnitts,
- baustellennahe Lagerung von aufzubereitenden teerhaltigen Baustoffen, geringere Transportkosten,
- Querverschub eines Rahmenbauwerks,
- Einsatz von Spannbeton statt Verbundbau.

In der Praxis kommt es zum Teil vor, dass manche Bieter eine große Anzahl an Nebenangeboten einreichen. Nicht selten wird damit versucht, möglichst viele Kombinationsmöglichkeiten in das Vergabeverfahren einzubringen. Dies kann unter Umständen dazu führen, intransparente Vergabeentscheidungen, vor allem im Unterschwellenbereich[104], zu fördern. *„Im Oberschwellenbereich führt es hingegen zwangsläufig zu Vergabenachprüfverfahren, angestrengt durch die nicht zum Zuge gekommenen Bieter."*[105]

2.3.2 Abweichende Rahmenbedingungen

Ein Nebenangebot beinhaltet immer eine Abweichung von den Verdingungsunterlagen. Dies liegt vor, wenn zwar keine Abweichung zum Bauverfahren oder den zu verbauenden

---

[103] Vgl. BBR-Online-Publikation, Sind Nebenangebote innovativ?, Nr. 14/2008
[104] Vgl. EU-Verordnung Nr. 2015/2170, Schwellenwert für Bauleistung beträgt 5.225.000 EUR
[105] Wanninger, Haben Nebenangebote noch eine Zukunft?, S. 4

Baustoffen, sondern wenn u. a. die Rahmenbedingungen abweichend von den Verdingungsunterlagen angeboten werden.

In der Praxis sind häufig Nebenangebote zu finden, die sich auf die Bauzeit beziehen. Beispielsweise kann ein Bieter kürzere oder längere Ausführungsfristen und eine mehrschichtige Ausführung für die ausgeschriebene Leistung anbieten. Nicht nur für den Bauunternehmer ist die Optimierung des Bauablaufes wichtig, da er u. a. zeitabhängige Kosten spart und seine Kapazitäten früher anderweitig einsetzen kann. Ein Bauherr, der eine Immobilie entsprechend früher vermieten oder selbst nutzen kann, bezieht diesen Faktor daher gerne in die Wertung ein. Zusätzlich wird dem Auftraggeber die Angst vor einem Nichteinhalten des Endtermins genommen. Darüber hinaus werden infolge der kürzeren Bauzeit sowohl die Umwelt als auch betroffene Anwohner weniger beansprucht. Zukünftig wird dieser Bewertungsfaktor immer mehr in den Fokus rücken.

Außerdem werden kürzere oder längere Bindefristen angeboten, wobei dies zu den Ausnahmen gehört.

Des Weiteren gibt es Nebenangebote, die sich auf die Sicherheitsleistung[106] beziehen. Der Bieter kann abweichend von den Verdingungsunterlagen eine größere Sicherheit für den Auftraggeber anbieten, die für diesen dann im Ergebnis die Risiken verringert.

Eine andere Variante ist, das Angebot zu unterbreiten, nicht nur einer geforderten Vertragserfüllungsbürgschaft, sondern darüber hinaus die freiwillige Stellung einer Mängelhaftungsbürgschaft oder eine verlängerte Mängelhaftungsfrist anzubieten.

Eine abweichende ausführende Vertragsbestimmung ist auch anzunehmen, wenn keine Vertragsstrafen für die Überschreitung von Zwischenfristen vorgesehen sind, der Bieter jedoch ein Angebot erstellt, in dem er sich dieser Vertragsstrafenandrohung aussetzt. Da er sich freiwillig einer Vertragsstrafe bei Nichteinhaltung von Zwischenterminen unterzieht, könnte der Auftraggeber annehmen, dass dieser Bieter die Bauausführung zwingend zeitgerecht gewährleistet.

2.3.3 Abweichende Abrechnungsmodalitäten

Grundsätzlich beinhaltet ein Nebenangebot immer eine Abweichung von der ausgeschriebenen Leistung. Daher ist beim Vorliegen einer Abweichung der Abrechnungsmodalitäten im Einzelfall zu prüfen, inwieweit solch ein Angebot als Nebenangebot angesehen werden kann.

---

[106] Vgl. § 17 VOB Teil B 2012

Eine Möglichkeit ist, das Angebot nach anderen Einheiten abzurechnen als vom Auftraggeber vorgesehen. Der Bieter könnte beispielsweise im Falle der ausgeschriebenen Herstellung von Bohrpfählen vorschlagen, die Abfuhr des Bohrgutes nicht wie im Amtsentwurf vorgesehen nach Fahrzeugaufmaß der LKW-Abfuhr, belegt durch Wiegescheine, abzurechnen, sondern nach ermittelter Kubatur der eingebauten Betonbohrpfähle oder Betonlieferschein.

Ein Nebenangebot liegt auch vor, wenn ein Bieter bei im Übrigen unverändertem Leistungskatalog die Vereinbarung einer Gleitklausel für Lohn oder Material anbietet, obwohl der Auftraggeber eine solche nicht vorgegeben hatte.

Bei dem Fall, dass der Auftraggeber eine Abrechnung nach Einheitspreisen vorgibt und der Bieter stattdessen eine Pauschalierung des Preises für bestimmte Leistungsteile oder aber für die gesamte ausgeschriebene Leistung anbietet, besteht in der Praxis oft Uneinigkeit darüber, ob es sich hierbei um ein zulässiges Nebenangebot handelt.

Pauschalierte Nebenangebote, durch die ein großer Teil der technischen Risiken und auch Abrechnungsrisiken auf den Auftragnehmer verlagert werden, sind jedoch bei den öffentlichen Auftraggebern gern gesehen. Das gilt insbesondere dann, wenn es sich dabei um Vergaben im Unterschwellenbereich handelt, die keinen Rechtsanspruch auf ein Nachprüfungsverfahren haben. Hingegen werden Pauschalierungen im Bereich der Erd- und Gründungsarbeiten regelmäßig im Vorhinein von den Vergabestellen nicht zugelassen.[107]

2.4 Bedeutung des Nebenangebotes auf die Kalkulationsphase des Bieters

Der Bieter – als Initiativträger des Nebenangebotes – richtet sein Augenmerk im Vergabeverfahren schon sehr frühzeitig auf die Möglichkeit zur Anwendung von Nebenangeboten, da er sich hierdurch einen Wettbewerbsvorteil im Rahmen der Akquisition verschaffen möchte.[108] Daher ist gerade und vor allem der Umgang mit Nebenangeboten integraler Gegenstand der Angebotsbearbeitung.

Bereits bei Veröffentlichung der Ausschreibung wird diese durch den Bieter, meist durch erfahrene Mitarbeiter wie z. B. den technischen Leiter oder Abteilungsleiter der Kalkulation, auf die Abgabemöglichkeit für Nebenangebote hin untersucht und klassifiziert. Das heißt, Ausschreibungen, die schon auf den „ersten Blick" die Möglichkeit zur Abgabe von Nebenangeboten offerieren, werden regelmäßig höher klassifiziert, als die ohne Abgabemöglichkeit.

---

[107] Vgl. VHB-Bund, Ziffer 4.2.6
[108] Vgl. Bargstädt/Grenzdörfer, Bedeutung von Nebenangeboten für die Akquisitionsphase

2.4 Bedeutung des Nebenangebotes auf die Kalkulationsphase des Bieters

In der Phase der bieterseitigen Angebotserstellung geht es zunächst darum, welche Ausschreibung in welchem Zeitfenster bearbeitet wird. Als Auswahlkriterium gelten meist folgende Faktoren (vgl. Abbildung 12):

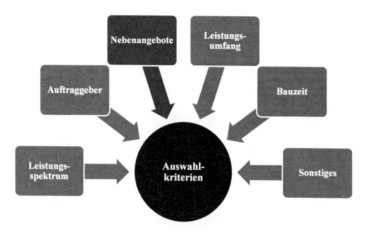

Abbildung 12: Auswahlkriterien für Ausschreibungen

- Leistungsspektrum (Hochbau, Tiefbau, Landschaftsbau, Ingenieurbau, etc.),
- Auftraggeber (bekannte Auftraggeber, positive/negative Erfahrungen bei zurückliegenden Bauvorhaben, lösungsorientiertes Verhalten, Bürokratie, etc.),
- Möglichkeit für Nebenangebote (Zulassungskriterien: vorhanden/moderat/restriktiv, Werthaltigkeit möglicher Nebenangebote, Chance zur Auftragsgenerierung gegeben, Aufwand, Kapazitäten und Kosten zur Erstellung, etc.),
- Leistungsumfang (schlüsselfertig, Nachunternehmeranteil, Materialanteil und Vorfinanzierungsquote, geschätzte Auftragssumme, Personal- und Geräteeinsatz, Verfahrensrisiko, Schwierigkeitsgrad, etc.),
- Bauzeit (Winterbau, vorgegebene Bauunterbrechungen, Dauer, Schichtsystem, parallele Ausführung, variable Bauzeit, etc.),
- sonstige Bedingungen (Zahlungsmodalitäten, Gewährleistung, Sicherheiten, Folgekosten, etc.).

Nachdem das Leistungsspektrum analysiert und der „Lieblingsauftraggeber" ausgemacht ist, kommt nun die Beurteilung der Ausschreibung auf mögliche Nebenangebote. Dabei werden oft zunächst klassische Formen für Nebenangebote wie alternative Bauverfahren und -stoffe sowie die Verkürzung der Bauzeit geprüft.

Zu Beginn der Kalkulationsphase des Hauptangebotes muss parallel die Bearbeitung der Nebenangebote „angeschoben" werden, da die Angebotsfrist meist recht kurz bemessen ist. Diese frühzeitige Auseinandersetzung mit dem zu erstellenden Nebenangebot ist zwingend erforderlich, da zum Teil aufwändige Nachweise (z. B. Zertifikate, Gutachten, Berechnungen, Referenzen, etc.) und Preisangebote zur werthaltigen Untersetzung der Nebenangebote durch den Kalkulator eingeholt werden müssen, damit das Nebenangebot der Prüfung durch die Vergabestelle stand hält und am Ende gewertet wird.

Die Preiskalkulation der Nebenangebote erfolgt erst, nachdem die Preise des Hauptangebotes final ermittelt und festgelegt worden sind, da beide Angebote auf derselben Kalkulationsgrundlage (Zuschläge, Fixkosten und zeitabhängige Kosten) basieren sollen. Diese Kalkulationsgrundlage bildet dann bei späteren preislichen Veränderungen (z. B. Nachträgen) u. a. gemäß § 2 Abs. 6 Ziff.2 VOB Teil B 2012 wiederum die Vergütungsbasis.

Es ist daher bereits in der Kalkulationsphase enorm wichtig, dass die Kalkulationsbasis zwischen dem Haupt- und Nebenangebot stimmig und schlüssig ist. Ansonsten können sich Diskrepanzen und Fehler schnell durch das gesamte Projekt oder die Ausführungsphase ziehen. Dies führt dann im Regelfall schnell zu Auseinandersetzungen zwischen Auftraggeber und Auftragnehmer, wenn es um die schlüssige Herleitung der Angebots- oder Kalkulationsgrundlage geht.

Im Rahmen der finalen Preisfestlegung der Nebenangebote spielen nicht nur die reale Baupreisermittlung sondern auch andere Kriterien eine wichtige Rolle, denn das Nebenangebot soll neben einem günstigeren Angebotspreis möglichst auch eine höhere Marge (Gewinn) für den Bieter generieren. Dieser Abwägungsprozess ist für den Bieter sehr schwierig zu bewerkstelligen. Zum einen möchte er mit seinem niedrigeren Preisangebot den Wettbewerb gewinnen und zum anderen natürlich auch Geld verdienen. In diesem Prozess braucht es daher viel Markterfahrung und gute Nerven auf der Bieterseite, denn das Risiko, den Auftrag infolge einer überhöhten Gewinnkalkulation zu verlieren, ist latent und umso ärgerlicher.

Einige Bieter gehen sogar so weit, dass sie vermeintliche Vorteile aus dem Nebenangebot direkt in das Hauptangebot transformieren, um so gleich bei der Submission eine bessere Platzierung zu erreichen. Diese sogenannten Spekulationsangebote bergen viele Gefahren, sowohl auf Auftraggeber- als auch auf Auftragnehmerseite. Sollte die Spekulation im Rahmen der Angebotsprüfung von der Vergabestelle erkannt werden, wird das Angebot u. a. gemäß § 16 Abs. 6 VOB Teil A 2012 nicht gewertet. Darüber hinaus ergibt sich für den Bieter das Risiko, dass die im Hauptangebot modifizierten LV-Positionen nicht wie geplant zur Anwendung kommen oder das Nebenangebot nicht gewertet und somit die Spekulation hinfällig wird.

Das Nebenangebot avanciert in der Kalkulationsphase leider auch zum Instrument der Spekulation und Einführung nachvertraglicher „Platzhalter" für vermeintliche Nachtragsforderungen des Bieters. Solchen Entwicklungen sollten sich beide Vertragsparteien strikt entgegenstellen, da auf dieser Basis keine faire und streitfreie Zusammenarbeit möglich ist. Darüber hinaus können Spekulationsangebote Wettbewerbsverzerrungen Vorschub leisten.

2.5 Zulassung, Prüfung und Wertung von Nebenangeboten

Nach der Richtlinie des Bundes sind Bieter verstärkt zur Abgabe von Nebenangeboten mit kostensparender Bauausführung aufzufordern. Die Nichtzulassung von Nebenangeboten sollte jedoch nur in begründeten Fällen und nach vorheriger Zustimmung der vorgesetzten Dienststelle als Ausnahme aktenkundig gemacht werden.[109] Demnach ist die Zulassung und Wertung von Nebenangeboten ein obligatorisch gewollter Prozess im förmlichen Vergabeverfahren.

2.5.1 Bedingungen für die Zulassung von Nebenangeboten

Durch die Zulassung von Änderungsvorschlägen oder Nebenangeboten sollen Marktchancen und das Know-how der Unternehmer besser genutzt werden. Man verspricht sich hierdurch einen noch breiteren Preis-/Leistungswettbewerb.[110]

Die Bestimmungen der VOB Teil A 2012 gehen davon aus, dass Nebenangebote grundsätzlich zugelassen sind, da unter Bezugnahme auf § 8 lediglich die Nichtzulassung oder im Zusammenhang mit Hauptangeboten durch die Vergabestelle anzugeben sind.[111]

Im Sektorenbereich gibt es hingegen eine etwas andere Rechtslage. Demnach schreibt die Sektorenkoordinierungsrichtlinie 2004/17/EG in Artikel 36 Abs. 1.2 vor, dass die Vergabestelle in den Spezifikationen angeben muss, ob sie Nebenangebote zulässt. Da diese Spezifikationen in den Ausschreibungsunterlagen bekannt gegeben werden können, müssen Nebenangebote nicht bereits in der Bekanntmachung zugelassen werden. Daraus folgt, dass Nebenangebote nicht zugelassen sind, wenn eine Angabe in der Bekanntmachung oder den Vergabeunterlagen fehlt.[112]

---

[109] Vgl. www.bbr.bund.de, Schreiben vom 17.12.1997, BI2-0 1082 – 100, 13.11.2013
[110] Vgl. GPA-Mitteilungen Bau, Sonderheft 1/2004, S. 5
[111] Vgl. VOB Teil A 2012
[112] Vgl. www.ibr-online.de, 06.06.3015

Bei europaweiten Ausschreibungen muss der öffentliche Auftraggeber wiederum in der Bekanntmachung angeben, ob er Varianten (Nebenangebote) zulässt. Fehlt eine entsprechende Angabe, so sind keine Varianten zugelassen.[113]

Der Europäische Gerichtshof (EuGH) hat mit der sogenannten „Traunfellner-Entscheidung"[114] erstmals 2003 zumindest in formaler Hinsicht insofern Klarheit geschaffen, als dass die Vergabestelle in den Verdingungsunterlagen Mindestanforderungen festlegen muss, auf deren Grundlage der Ausschreibungswettbewerb und später die Wertung der Nebenangebote bei europaweiten Ausschreibungen stattfinden soll. Nur Nebenangebote, welche diese Standards erfüllen, dürfen in die Wertung gelangen. Legt die Vergabestelle diese Standards nicht fest, so dürfen wegen der Transparenzerfordernisse Nebenangeboten nicht berücksichtigt werden, auch wenn diese in der Bekanntmachung grundsätzlich für zulässig erklärt worden sind.[115] Auch das Vergabehandbuch (VHB 2008, Aktualisierung August 2014) geht grundsätzlich davon aus, dass die Mindestanforderungen durch transparente Angaben in der Baubeschreibung, funktionale Anmerkungen in der Leistungsbeschreibung oder durch das Formblatt 226 angegeben werden. Wie die Mindestanforderungen im Einzelnen festzulegen sind (z. B. mit welchen Bandbreiten etwa im Fall technischer Parameter), hat der EuGH offen gelassen. Er steckte nur die formalen Voraussetzungen ab, unter denen Nebenangebote überhaupt abgegeben werden können.[116]

Mindestanforderungen für Nebenangebote müssen nach der Rechtsprechung inhaltlich klar und korrekt sein. Auf der anderen Seite soll die Vergabestelle nicht gezwungen sein, sich im Voraus auf jede denkbare Variante einzustellen. Real wäre dies auch nicht möglich. Die aktuelle Rechtsauffassung lässt daher für die Vergabestelle eine Spannweite mit s. g. Positiv- oder Negativkriterien zu, in welchen sich die Nebenangebote inhaltlich bewegen müssen. Oftmals werden als Mindestanforderungen auch nur Hinweise auf Richtlinien, Erlasse und das Technische Regelwerk gemacht. Diese Hinweise müssen jedoch sachlich-technische Anforderungen enthalten.[117] Ein Verweis auf zu allgemeine Unterlagen wäre hingegen nicht rechtskonform.[118] Im Interesse der Transparenz und Gleichbehandlung der Bieter sollte daher die Vergabestelle Mindestanforderungen an Nebenangebote so präzise wie möglich formulieren.[119]

---

[113] Vgl. www.ibr-online.de, 04.04.2015
[114] Vgl. EuGH Urteil vom 16.10.2003 – C – 421/01
[115] Vgl. Noch, Vergaberecht kompakt, S. 355
[116] Vgl. Vergabehandbuch des Bundes, VHB
[117] Vgl. OLG München, Beschluss vom 10.12.2009, Verg. 16/09
[118] Vgl. EuGH Urteil vom 16.10.2003 – Rs. C-421/01
[119] Vgl. www.vergabeblog.de, 06.07.2014

2.5 Zulassung, Prüfung und Wertung von Nebenangeboten

Der EuGH hat auch keine Unterscheidung getroffen, für welche Art von Nebenangeboten diese Rechtsprechung zu den Mindestanforderungen gelten soll. Im Zweifel sind die Mindestanforderungen, soweit möglich, für jede Art von Nebenangeboten, also für technische wie für nichttechnische, festzusetzen.[120]

Nach der Entscheidung des Bundesgerichtshofes vom 07.01.2014 dürfen nun Nebenangebote bei europaweiten Ausschreibungen grundsätzlich nicht zugelassen werden, wenn der Preis als alleiniges Zuschlagskriterium vorgesehen ist. Im Urteil dazu heißt es: *„Der BGH hat die Divergenzfrage dahin entschieden, dass Nebenangebote grundsätzlich nicht zugelassen und gewertet werden dürfen, wenn in einem europaweiten Vergabeverfahren der Preis als alleiniges Zuschlagskriterium vorgesehen ist."*[121] Dies ergibt sich ebenso aus dem Inhalt des anzuwendenden nationalen Vergaberechts. In der VOB Teil A wie auch in der SektVO ist lediglich bestimmt, dass die öffentlichen Auftraggeber die Mindestanforderungen festlegen müssen, denen zugelassene Nebenangebote genügen müssen. Diese Anforderungen sollen dem Bieter eine hinreichend große Variationsbreite in der Ausarbeitung von Alternativvorschlägen lassen. Eine wettbewerbskonforme Wertung der Nebenangebote ist angesichts dessen nicht möglich, wenn der Preis das alleinige Zuschlagskriterium ist. In diesem Fall wäre der Auftraggeber verpflichtet, den Zuschlag auf ein den Mindestanforderungen genügendes und geringfügig billigeres Nebenangebot als das günstigste Hauptangebot zu erteilen, unabhängig davon, ob das Nebenangebot in der Qualität deutlich hinter dem Hauptangebot zurückbleibt und sich daher bei wirtschaftlicher Betrachtung gerade nicht als das günstigste Angebot erweist. Eine solche Wertung wäre unvereinbar mit dem vergaberechtlichen Wertungsprinzip nach § 97 Abs. 2 und 5 GBW. In Analogie könnte bei Vergabeverfahren unterhalb des EU-Schwellenwertes die Wertung von Nebenangeboten unter Bezugnahme auf § 16 Abs. 6 VOB Teil A 2012 ebenfalls problematisch sein.[122]

Der Bundesgerichtshof hat diese Entscheidung zunächst nur für den Bereich oberhalb des Schwellenwertes[123] getroffen. Da er sich jedoch in der Begründung auf das nationale Recht stützt, ist mit Erlass des Sächsischen Staatsministerium der Finanzen vom 26.05.2014 festgelegt worden, dass *„man wohl auch für den Bereich unterhalb der Schwellenwerte nunmehr davon ausgehen muss, dass Mindestanforderungen für Nebenangebote erforderlich sind."* Wegen der Allgemeingültigkeit ist anzunehmen, dass es auch in anderen Bundesländern zu einer gleichartigen Erlasslage gekommen ist.

---

[120] Vgl. ibr-online.de, 04.05.2015
[121] BGH-Urteil vom 07.01.2014, Az: XZB 15/13, „ Keine Nebenangebote, wenn Preis allein entscheidet."
[122] Vgl. www.bausuchdienst.de/expertenwissen, 05.02.2014
[123] Vgl. EU-Verordnung Nr. 2015/2170, Schwellenwert für Bauleistung beträgt 5.225.000 EUR

Die BGH-Entscheidung für europäische Verfahren vom 07.01.2014, wonach Nebenangebote bei reiner Preiswertung grundsätzlich nicht berücksichtigt werden können, hat umgehend am 24.05.2014 den Arbeitskreis Vergaberecht des Deutschen Baugerichtstages aktiv werden lassen, um den Gesetzgeber aufzufordern, bei der zukünftigen Neuregelung des Vergaberechts Nebenangebotswertungen auch dann zuzulassen, wenn allein der Preis das Zuschlagskriterium ist. Dies spiegelt das doch recht große Bedürfnis nach Nebenangeboten eindrucksvoll wieder.[124] Diese Bemühungen dürften sich auszahlen, da für den 18.04.2016 eine Änderung des Vergaberechts hinsichtlich der Zulassung von Nebenangeboten „bei reiner Preiswertung" angekündigt wurde.[125]

Die weiterhin ungeklärte Rechtsfrage, ob in europaweiten Ausschreibungen bei einem alleinigen Wertungskriterium „Preis" Nebenangebote zugelassen werden dürfen, hat dazu geführt, dass Nebenangebote nicht als „Regelfall" zugelassen werden. Hierzu hat das Bundesministerium für Verkehr und digitale Infrastruktur zusammen mit den Bauwirtschaftsverbänden ein einfaches nichtmonetäres Wertungskriterium „Verkürzte Vertragsfrist" abgestimmt, das dazu dienen soll, Nebenangebote zuzulassen.[126]

In der Vergabepraxis zeigt es sich, dass viele öffentliche Auftraggeber, wenn Nebenangebote zugelassen werden sollen, neben dem Preis häufig „Alibikriterien" festlegen, die nicht entscheidungserheblich sind. Dieses hilfsweise Heranziehen von zusätzlichen Zuschlagskriterien ist wegen der Wichtung rechtswirksam bedenklich. Das Oberlandesgericht Düsseldorf hat mit Beschluss vom 27.11.2013 entschieden: *„Soll der Zuschlag auf das wirtschaftlich günstigste Angebot ergehen und legt der Auftraggeber als Unterkriterien zu 95 % den Preis und zu 5 % die Terminplanung fest, ist der Wirtschaftlichkeitsgrundsatz des § 97 Abs. 5 GWB und die Selbstbindung des Auftraggebers an das in der Bekanntmachung angegebene Zuschlagskriterium verletzt."* Dagegen hat die Vergabekammer Bund vom 14.01.2014 beschlossen: *„Die Gewichtung der Zuschlagskriterien Preis und Technischer Wert im Verhältnis 90:10 verstößt nicht gegen das Wirtschaftlichkeitsgebot des § 97 Abs. 5 GWB".*[127]

Eine ebenfalls kontrovers diskutierte Sachfrage bei den VOB-Zulassungskriterien ist der Umstand, ob für die Beurteilung von Nebenangeboten eine Wertung des Wirtschaftlichkeitsvergleichs in Bezug auf die Lebenszykluskosten vorgesehen ist. Dies kann insofern bestätigt werden, da § 15 Abs. 6 (3) VOB Teil A 2012 explizit vorschreibt: *„In die engere Wahl kommen nur solche Angebote, die unter Berücksichtigung rationalen Baubetriebs und sparsamer Wirtschaftsführung eine einwandfreie Ausführung einschließlich Haftung für Mängelansprüche erwarten lassen. Unter diesen Angeboten soll der Zuschlag auf das*

---

[124] Vgl. Newsletter 01/2014, Neues zum Vergaberecht, vergaberecht@leinemann-partner.de, 06.07.2014
[125] Vgl. www.vob-online.de, 09.08.2015
[126] Vgl. Eulitz/Schrader Rechtsanwälte und Notare, Baurechtsbrief 06/2013
[127] www.ibr-online.de, 11.10.2014

2.5 Zulassung, Prüfung und Wertung von Nebenangeboten

Angebot erteilt werden, das unter Berücksichtigung aller Gesichtspunkte, z. B. Qualität, Preis, technischer Wert, Ästhetik, Zweckmäßigkeit, Umwelteigenschaften, Betriebs- und Folgekosten, Rentabilität, Kundendienst und technische Hilfe oder Ausführungsfrist als das wirtschaftlichste erscheint. Der niedrigste Angebotspreis allein ist nicht entscheidend." Demnach können auch Nebenangebote, welche Lebenszykluskosten beinhalten, zugelassen werden. [128]

Leider sieht es mit der Wertung von derartigen Nebenangeboten derzeit in der Praxis eher schlecht aus, da das Gebot der Gleichwertigkeit eine Wertung mit unzähligen unbekannten Daten erfordert. Eine geschlossene Abfrage von Kriterien ist im Rahmen der Ausschreibung kaum möglich. Es bestehen gegenwärtig insofern erhebliche Unsicherheiten in diesem Bereich. Die für April 2016 von der Bundesregierung angekündigte Änderung des Vergaberechts, wonach die Berücksichtigung von Nachhaltigkeitsaspekten und Lebenszykluskosten stärker Berücksichtigung finden soll, könnte hier eine positive Wende bringen.[129]

Eine weitere Möglichkeit zur Festlegung von Mindestanforderungen für Nebenangebote wird u. a. von Landesbaubehörden im Straßen- und Brückenbau angewandt. Demnach werden direkt in den Bewerbungsbedingungen Anforderungen an Nebenangebote folgendermaßen definiert:[130]

5.1 Soweit an Nebenangebote Mindestanforderungen gestellt sind, müssen diese erfüllt werden; im Übrigen müssen sie im Vergleich zur Leistungsbeschreibung qualitativ und quantitativ gleichwertig sein. Die Erfüllung der Mindestanforderungen bzw. die Gleichwertigkeit ist mit Angebotsabgabe nachzuweisen.

5.2 Der Bieter hat die in Nebenangeboten enthaltenen Leistungen eindeutig und erschöpfend zu beschreiben; die Gliederung des Leistungsverzeichnisses ist, soweit möglich, beizubehalten.

5.3 Nebenangebote sind, soweit sie Teilleistungen (Positionen) des Leistungsverzeichnisses beeinflussen [...], nach Mengensätzen und Einzelpreisen aufzugliedern [...].

Hierbei kommt keine Wertungsmatrix wie bei den v. g. Beispielen zur Anwendung. Es wird lediglich spezifiziert auf die Einhaltung des Technischen Regelwerks und Allgemeiner Rundschreiben zum Straßenbau[131] verwiesen.

Schon mit Einführung der VOB sind den Vergabestellen bei der Prüfung und Wertung von Nebenangeboten teilweise auch Ermessensentscheidungen zugestanden worden.

---

[128] Vgl. § 16 Abs. 6 VOB Teil A, 2012
[129] Vgl. www.vob-online.de, 15.09.2015
[130] Vgl. Bewerbungsbedingungen für die Vergabe von Bauleistungen im Straßen und Brückenbau, HVA B-StB 08-12, Ausgabe: März 2012
[131] Vgl. Mindestanforderungen für Nebenangebote, HVA B-StB 08-12, Stand: 01.08.2012

Dies gilt u. a. beim Nachweis der Gleichwertigkeit in Bezug auf den Amtsvorschlag und den Umstand, dass die VOB Teil A für Nebenangebote nur sehr wenige Vergabebestimmungen enthält. Deshalb gehört dieser Bereich des Vergabeverfahrens zu den schwierigsten Aufgaben der Vergabestellen.

Gemäß den Regelungen im Vergabehandbuch für Hochbauten des Bundes gelten zunächst für Nebenangebote in der Regel die gleichen Wertungskriterien wie für Hauptangebote.[132]

Die Phase der Prüfung und Wertung von Nebenangeboten ist von entscheidender Bedeutung im Vergabeprozess. *„Es gibt nur wenige Bereiche des modernen Vergaberechts, in denen Theorie und Praxis der Auftragsvergabe so weit auseinanderklaffen, wie bei Wertung und Berücksichtigung von Nebenangeboten. [...] Vergabepolitisch werden die Möglichkeiten der Abgabe von relativ unreglementierten Nebenangeboten als besonders wichtig erachtet, um der öffentlichen Hand die Möglichkeit zu geben, die besondere Innovationskraft der Wirtschaft und die Konzeption neuer Verfahren und technischer Lösungen abschöpfen zu können. [...] Im Hinblick auf die Wertung von Nebenangeboten hat sich die vergaberechtliche Praxis weit von den vergaberechtlichen Vorgaben entfernt. Das bedarf einer dringenden Korrektur."*[133]

Demnach ist die Wertung von Nebenangeboten eine anspruchsvolle Aufgabe und meist sowohl aufwändiger als auch schwieriger als die Wertung eines Hauptangebotes gemäß Ausschreibung. Dies liegt in den Besonderheiten begründet, die mit Nebenangeboten einhergehen. Anders als bei Hauptangeboten erfährt der Auftraggeber erst im Rahmen der Prüfung und Wertung, welchen Leistungsinhalt der Bieter in seinem Nebenangebot vorgesehen hat. Der Auftraggeber muss zusätzlich prüfen, ob das Nebenangebot im Verhältnis zu den Vorgaben des Leistungsverzeichnisses und den daraufhin abgegebenen Hauptangeboten inhaltlich gleichwertig ist. Erst nachdem die Gleichwertigkeit[134] festgestellt wurde, erfolgt die letzte Stufe der Wertung hinsichtlich der Wirtschaftlichkeit des Nebenangebotes.

Die bessere Wirtschaftlichkeit kann u. a. dadurch gegeben sein, dass entweder eine bessere Leistung zum gleichen Preis oder eine gleichwertige Leistung zum niedrigeren Preis vorliegt.[135]

Da bei der Prüfung und Wertung von Nebenangeboten (vgl. Abbildung 13) latent das „Damoklesschwert" des Nachprüfverfahrens respektive der Rüge droht und damit der Grundstein für eine bieterseitige Geltendmachung der „Verzögerten Vergabe" gelegt

---

[132] Vgl. Vergabehandbuch des Bundes für die Hochbauten, Formblatt 227
[133] Vgl. Straße und Autobahn, 06/2010, S.441
[134] Vgl. § 21 Abs. 2, VOB Teil A 2012
[135] Vgl. Bargstädt/Grenzdörfer, Bedeutung von Nebenangeboten für die Auftragsakquisition

werden könnte, sollte eine diesbezügliche Vergabeverzögerung regulären Eingang in die Vergabeordnung finden.

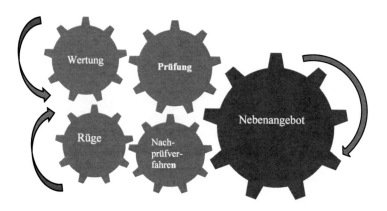

Abbildung 13: Risiko Prüfungs- und Wertungsphase

Hilfreich wäre hier, z. B. ein mögliches Zeitfenster zu definieren, in dem keine Anspruchsgrundlage für eine Vertragsanpassung aus Gründen der „Verzögerten Vergabe" entsteht und die Vergabestelle somit wirksam gegen dementsprechende Forderungen geschützt wird.

Je komplexer die Auswertung der Nebenangebote wird, desto größer werden meist auch die vergaberechtlichen Risiken. Eine frühzeitige Einbeziehung erfahrener Fachjuristen, Architekten, Ingenieure und Gutachter kann Rügen, Klagen und Neuausschreibungen entgegen wirken.[136]

Wenn Nebenangebote z. B. in die Architektur des Amtsentwurfs eingreifen, ist der Nachweis der „Gleichwertigkeit" praktisch nicht zu führen. Hier sollte eine weitergehende Spezifizierung z. B. in den Mindestanforderungen für Nebenangebote Abhilfe leisten und somit mehr Sicherheit im Vergabeprozess bringen. Beispielsweise können im Brückenbau Mindestkriterien hinsichtlich des Schlankheitsgrades des Brückenüberbaus und die Einhaltung wichtiger geometrischer Parameter (z. B. Fahrbahnbreite, Gradient, Durchfahrtshöhen, etc.) den Wettbewerb und die Abgabemöglichkeit für Nebenangebote weiter öffnen.

In der Praxis besteht jedoch erhebliche Unsicherheit, wie Nebenangebote rechtssicher zu bewerten sind. Unter Anwendung aller möglichen Theorien werden Nebenangebote in

---

[136] Vgl. www.vivis.de, Huber, Technische Kriterien für die Vergabe an Bestbieter, 02/2012, 03.04.2015

erster Linie aufgrund formaler Mängel ausgeschlossen. „*Gewissermaßen an erster Rangstelle dieser Ausschlussgründe liegt dabei der Aspekt der Gleichwertigkeit. Immer dann, wenn die Inhalte eines Nebenangebotes auch nur mehr als spürbar vom sogenannten Amtsvorschlag abweichen, wird vorschnell geltend gemacht, es fehle an der Gleichwertigkeit oder es sei die Gleichwertigkeit nicht hinreichend mit dem Angebot nachgewiesen worden.*"[137] Hierbei nimmt die Vergabestelle regelmäßig Bezug auf § 13 Abs. 2 VOB Teil A 2012. Da es keine rechtlichen Grundlagen für eine s. g. Gleichwertigkeit gibt, bezieht sich die Vergabestelle regelmäßig auf § 16 Abs. 6 VOB Teil A und prüft unter dem Gesichtspunkt der Wirtschaftlichkeit.

„*Die Prüfung und Wertung von Nebenangeboten anhand eines nicht vorgesehenen Gleichwertigkeitskriteriums ist im höchsten Maße intransparent. Der allen Wettbewerbsteilnehmern zustehende Anspruch auf Gleichbehandlung kann hierbei nicht mehr gewährleistet werden.*"[138]

Die Vergabestelle kann schon in den Verdingungsunterlagen[139] weitergehende Kriterien zur Angebotsbewertung festlegen. Zu nennen wäre hier u. a. Ziffer 6 der „Einheitlichen Fassung: Aufforderung zur Abgabe eines Angebotes EU", wonach beim ausschließlichen Wertungskriterium Preis, Nebenangebote unter Bezugnahme auf Ziffer 5.1 nicht zugelassen sind.

Im Jahr 2008 wurde durch Bundesministerium für Verkehr, Bau und Stadtentwicklung eine Erhebung in Bezug auf die Zulassung und Wertung von Nebenangeboten mit folgendem Ergebnis durchgeführt: „*Während die Quote der zugelassenen Nebenangebote bei EU-weiten Ausschreibungen mit 83 % etwas unter dem Niveau im Vergleich zu nationalen Ausschreibungen (92 %) lag, lag der Anteil der bezuschlagten Nebenangebote in EU-weiten Ausschreibungen mit zugelassenen Nebenangeboten bei 23 % und in nationalen Ausschreibungen bei 10 %. Im Spartenvergleich fällt auf, dass der Anteil der bezuschlagten Nebenangebote in Bezug auf jene Ausschreibungen, bei welchen Nebenangebote zugelassen waren, von 10 % im Hochbau, 18 % im Tief- und Straßenbau und 42 % im Ingenieur- und Brückenbau bis auf 51 % im Wasserbau zunimmt. Allerdings reziprok zur Zulassungsquote von Nebenangeboten (im Hochbau 98 %, im Tief- und Straßenbau 71 %, im Ingenieur- und Brückenbau 57 % und im Wasserbau 28 %). Darüber hinaus war in der Gesamtsumme aller berichteten Ausschreibungen der Anteil von GU-Ausschreibungen mit 1 % verschwindend gering. Im Gesamtdurchschnitt aller Ausschreibungen wurden bei GU-Ausschreibungen in 52 % der gemeldeten Fälle Nebenangebote zugelassen, wohingegen diese Quote bei gewerkeweisen Ausschreibungen bei 91 % lag.*

---

[137] Vgl. Straße und Autobahn, Ausgabe Juni 2010, S. 442
[138] Vgl. Straße und Autobahn, Ausgabe Juni 2010, S. 442
[139] VHB, Bewerbungsbedingungen für die Vergabe von Bauleistungen

2.5 Zulassung, Prüfung und Wertung von Nebenangeboten

Andererseits wurden Nebenangebote bei GU-Ausschreibungen im prozentualen Verhältnis mit 65 % wesentlich häufiger bezuschlagt, als dies bei gewerkeweisen Ausschreibungen mit 12 % der Fall war – bezogen auf Ausschreibungen mit zugelassenen Nebenangeboten."[140]

Um innovative Nebenangebote zu fördern, sollten daher Mindestanforderungen und Leistungsverzeichnisse in den Vergabeunterlagen nicht zu restriktiv formuliert werden. Demnach sollten die Anforderungskriterien vorrangig die erforderliche Funktion und Geometrie möglichst „offen" ansprechen, um hier genügend Spielraum für den Bieter zu schaffen. Die Aufstellung einheitlicher Standards und Handlungsanweisungen zur Bewertung der Gleichwertigkeit würde Sicherheit für alle Beteiligten bringen und die Quote der bezuschlagten Nebenangebote erhöhen. Dies wäre auch volkswirtschaftlich gesehen gewinnbringend. Begleitend müsste eine kontinuierliche, verbindliche und einheitliche Datenerhebung im Bereich der öffentlichen Vergabestellen installiert werden, um Erfahrungen zu sammeln und Standards ableiten zu können. Ferner sollte in den Vergaberichtlinien das klare Ziel formuliert werden, Nebenangebote zu fördern und nicht zu reglementieren. Die Einschränkung respektive Nichtzulassung von Nebenangeboten sollte der Ausnahmefall und nicht die Regel sein.

Bei Nebenangeboten, die z. B. in das Verfahrens- und Baugrundrisiko eingreifen, könnte Sicherheit für die Bewertung dadurch geschaffen werden, dass Bieter bei der Abgabe solcher Nebenangebote ein Machbarkeitsgutachten mit vorlegen. In der Praxis wird dies zum Teil von einigen Vergabestellen derart gehandhabt, dass der Baugrundgutachter des Amtsentwurfs das Nebenangebot (z. B. alternatives Gründungsverfahren) hinsichtlich seiner Ausführbarkeit bereits in der Angebotsphase, das heißt vor Abgabe des Angebotes, bewerten muss. In der meist recht kurzen Angebotsphase wirft diese Vorgehensweise jedoch mehrere Fragen auf. Zum einen müsste der Baugrundgutachter in diesem Zeitraum ständig zur Verfügung stehen und auch genügend Kapazitäten zur Bewertung der Nebenangebote vorhalten. Darüber hinaus ist die Fragestellung der gutachterlichen Vergütung zu klären. In diesem Fall gibt es regelmäßig zwei Wege, die gegangen werden. Vorrangig sollte die Vergabestelle hier die Vergütung übernehmen, da lediglich der Prüfzeitraum vorverlegt wurde und es grundsätzlich eine imaginäre Leistung des Bauherrn darstellt. Leider schieben einige Vergabestellen die Vergütung auf den Bieter – als Initiator des Nebenangebotes – ab. Hier sollte in der Vergabeordnung umgehend Klarheit geschaffen werden, damit nicht auch diese Frage Gegenstand einer juristischen Klärung wird.

---

[140] BBR-Online-Publikation, Sind Nebenangebote innovativ?, Nr. 14/2008, S.10, 26

2.5.2 Ablauf der Prüfung und Wertung

Aufgrund eines von der Rechtsprechung entwickelten Prüfungskanons erfolgt die Prüfung und Wertung von Nebenangeboten i. d. R. in fünf Stufen: [141]

Erste Wertungsstufe:

In der ersten Wertungsstufe werden die Wertungsvoraussetzungen aus der Bekanntmachung (Vergabeunterlagen), die Unterschrift und die Kennzeichnung geprüft. Formal müssen Nebenangebote im Wesentlichen die gleichen Anforderungen erfüllen wie Hauptangebote.[142]

Einige Besonderheiten gibt es jedoch zu erwähnen. So ist zunächst festzustellen, ob Nebenangebote überhaupt zugelassen waren. Oberhalb des Schwellenwertes müssen in den Vergabeunterlagen ausreichende Mindestanforderungen definiert sein, damit Nebenangebote überhaupt gewertet werden dürfen. Ist bei einem europäischen Vergabeverfahren der Preis als alleiniges Zuschlagskriterium benannt, dürfen Nebenangebote grundsätzlich nicht zugelassen und gewertet werden.[143] Um eine weitergehende Zulassung von Nebenangeboten zu ermöglichen, hat das BMVI zusammen mit den Bauwirtschaftsverbänden ein einfaches nichtmonetäres Wertungskriterium, die sogenannte „Verkürzte Vertragsfrist", im Zuständigkeitsbereich der Bundesfernstraßenverwaltung etabliert. Die Gewichtung dieses Kriteriums wird standardisiert mit 1 % vorgegeben. Damit umgeht die Bundesfernstraßenverwaltung ggf. die in der Rechtsprechung anerkannten Grundsätze, wonach eine sogenannte Marginalisierung von nicht den Preis betreffenden Wertungskriterien vergaberechtswidrig ist.[144]

Darin könnte folgende „wohl gezielte" Umgehung des Wirtschaftlichkeitsgrundsatzes als einem der beiden möglichen Zuschlagskriterien in EU-Verfahren liegen:

- entweder wird nach dem billigsten Preis vergeben
- oder nach dem besten Preis und weiteren Zuschlagskriterien.

Im Ergebnis hatte das BMVBS im allgemeinen Rundschreiben Nr. 7/2013 folgendes festgelegt, *„In diesem Falle darf weder der Preis marginalisiert werden, noch das sonstige oder die sonstigen Kriterien. Die pauschale Wertung anhand einer „Verkürzung Vertragsfrist" und deren ebenso pauschale Gewichtung mit 1 % ist gesichert rechts-widrig."*[145]

---

[141] Vgl. VK Sachsen, Beschluss vom 23.05.2003
[142] Vgl. Vergabehandbuch des Bundes für die Hochbauten, Formblatt 227
[143] Vgl. BGH, Beschluss vom 07.01.2014, Az: XZB 15/13, „Keine Nebenangebote, wenn Preis allein entscheidet."
[144] Vgl. OLG Düsseldorf, Beschluss vom 21.5.2012 -Verg. 3/12
[145] Allgemeines Rundschreiben Nr. 7/2013 des BMVBS

2.5 Zulassung, Prüfung und Wertung von Nebenangeboten

Eine weitere Voraussetzung für die Wertung eines Nebenangebotes ist es, dass im Begleitschreiben des Hauptangebotes Bezug auf das Nebenangebot genommen wurde.[146] Darüber hinaus muss das Nebenangebot als besondere Anlage eingereicht und als „Nebenangebot" deutlich gekennzeichnet sein. Ist dies nicht der Fall, ist das Nebenangebot zwingend auszuschließen.

Aus diesem Grund dürfen Hauptangebote, die die Vergabeunterlagen abändern, nicht in zulässige Nebenangebote „umgedeutet" werden.

Zweite Wertungsstufe:

Danach erfolgt die Prüfung, ob das Nebenangebot die Mindestbedingungen des Leistungsverzeichnisses erfüllt. Ist dies nicht der Fall, ist es zwingend auszuschließen.

Darüber hinaus sind spezifizierte Prüfungskriterien für Vergaben „unterhalb[147]" und „oberhalb[148]" des Schwellenwertes zu berücksichtigen.

Dritte Wertungsstufe:

Im nächsten Schritt ist zu klären, ob das Nebenangebot in der Fassung der Angebotsabgabe den Nachweis der Gleichwertigkeit erbracht hat. Die Gleichwertigkeit ist vom Bieter mit dem Nebenangebot durch Vorlage geeigneter Unterlagen mit dem Angebot nachzuweisen. Beim Gleichwertigkeitsnachweis kommt es darauf an, dass der Bieter die Gleichwertigkeit für den spezifischen Einsatzzweck nachweist.

Vierte Wertungsstufe:

Daran schließt sich die Prüfung an, ob die behauptete Gleichwertigkeit auch objektiv gegeben ist. Es ist zu prüfen, ob das Nebenangebot funktional, qualitativ und quantitativ gleichwertig ist.

Fünfte Wertungsstufe:

Erst im abschließenden fünften Schritt findet ein Wirtschaftlichkeitsvergleich des – danach zu wertenden – Nebenangebots gegenüber dem wirtschaftlichsten Hauptangebot oder anderen – wertbaren – Nebenangeboten statt. Wirtschaftlicher ist ein Nebenangebot, wenn es die bessere Lösung darstellt und nicht teurer ist oder eine gleichwertige Lösung darstellt und preislich günstiger ist. Es sind die möglichen Vorteile einzubeziehen, welche die vom Bieter in Nebenangeboten vorgeschlagene andere Art und Weise der Ausführung oder andere Ausführungsfristen und die sich daraus ergebende mögliche frühere oder spätere Benutzbarkeit der Bauleistung oder von Teilen davon bieten können.[149]

---

[146] Vgl. § 13 Abs. 1 Nr. 1 VOB Teil A 2012 i. V. m. § 16 Abs. 1 Nr. 1 b) VOB Teil A 2012, S.3
[147] Nationales Vergabeverfahren
[148] Europäisches Vergabeverfahren
[149] Vgl. Vergabe- und Vertragshandbuch des Bundes, Richtlinien zu 321 Nr. 2.3.2, S. 2

Um bei der Ermittlung des wirtschaftlichsten Angebotes neben dem Preis weitere Kriterien zu berücksichtigen, kann der Auftraggeber unterschiedliche Wertungsmatrizen verwenden.[150] In Fällen komplexer Leistungen kann der Auftraggeber das beste Preis-Leistungs-Verhältnis beispielsweise mit Hilfe eines Punktebewertungssystems[151] ermitteln. Dazu werden die einzelnen Zuschlagskriterien im Sinne einer Nutzwertanalyse mit Faktoren versehen. Diese Faktoren geben an, welche Bedeutung den einzelnen Wertungskriterien bei der Vergabeentscheidung zukommt. Zusätzlich werden für jedes Zuschlagskriterium Punkte vergeben. Dabei kann für die Wertung des Zuschlagskriteriums „Preis" z. B. eine Interpolationsformel zur Umrechnung des Preises in Punkte verwendet werden. Ein Beispiel wird nachfolgend beispielhaft dargestellt. Anzumerken ist, dass eine Wertung ausgeschlossener Nebenangebote nicht möglich ist. Gleiches gilt auch für eine Wertung solcher Nebenangebote, die nicht gleichzeitig mit einem Hauptangebot abgegeben wurden, wenn dies so nicht zugelassen war. Eine trotzdem erfolgte Wertung würde insbesondere gegen die Grundsätze des Wettbewerbs und der Transparenz verstoßen.[152]

Problematisch kann es werden, wenn sich ein Nebenangebot nachträglich als unvollständig erweist. Dieses ist dann – genauso wie ein unvollständiges Hauptangebot – als unvollständig und daher als nicht wertbar auszuschließen. Handelt es sich jedoch um fehlende Erklärungen oder Nachweise, können diese, analog eines Hauptangebotes,[153] innerhalb einer Nachfrist von 6 Kalendertagen durch den Bieter nachgereicht werden. Dabei beginnt die Frist am Tag nach der Absendung der Aufforderung durch die Vergabestelle.[154]

Gemäß den Wettbewerbsprinzipien nach § 15 Abs. 3 VOB Teil A 2012 ist es untersagt, nach Öffnung der Angebote bis zur Zuschlagserteilung mit den Bietern über das abgegebene Angebot hinsichtlich des Preises, der Ausführungstermine usw. zu verhandeln. Es ist lediglich gestattet, von den Bietern Aufklärung über deren Eignung, insbesondere ihre technische und wirtschaftliche Leistungsfähigkeit, etwaige Nebenangebote, die Preiskalkulation und die geplante Art der Durchführung zu erhalten.

2.5.3 Beispiele für die Wertung von Nebenangeboten

In der Praxis gibt es mittlerweile eine Vielzahl von Möglichkeiten, Nebenangebote zu werten. Dabei geht es vorrangig um die Gewichtung von Preis und Leistung, welche maßgeblichen Einfluss auf die Frage der Wirtschaftlichkeit und damit auf den Zuschlag des Bieterangebotes im öffentlichen Vergabeverfahren hat.

---

[150] Vgl. Kapitel 2.5.3 Beispiele für die Wertung von Nebenangeboten
[151] Vgl. Kapitel 2.5.3 Beispiele für die Wertung von Nebenangeboten, Erstes Beispiel
[152] Vgl. Noch, Vergaberecht kompakt, S. 356
[153] Vgl. OLG Naumburg, Beschluss vom 23.02.2012, Az: 2 Verg 15/11
[154] Vgl. § 16 Abs. 3 VOB Teil A 2012

2.5 Zulassung, Prüfung und Wertung von Nebenangeboten

Durch die in der Ausschreibung veröffentlichten Zuschlagskriterien und deren Wichtung, kann die Vergabestelle Einfluss auf die potentiellen Bieterangebote nehmen und so den Fokus auf spezifische Projektbedürfnisse respektive -erfordernisse lenken. Das Bieterangebot kann somit auf eine differenzierte Preis- oder Leistungsoptimierung „gesteuert" werden. Eine unterschiedliche Gewichtung von Angebotspreis und Leistungspunktzahl ist somit eine Möglichkeit sowohl die spezifischen Interessen des Auftraggebers zu implementieren als auch eine differenzierte Bewertung und Auswahl des Bieterangebotes vorzunehmen.

Wie eine spezifizierte Wertung für die Vorgabe von Mindestkriterien und die Gewichtung von Preis sowie anderen Zuschlagskriterien gestaltet werden kann, sollen die zwei folgenden Beispiele zeigen.

Erstes Beispiel[155]

- Verfahrensart: Öffentliche Ausschreibung auf der Grundlage der VOB Teil A
- Art der Leistung: Bauhauptleistung, Neubau Brandübungshaus

Zuschlagskriterien:

1. Preis   Wichtung (70 %)
   Mindestbieter   10 Punkte
   Fiktives Angebot   0 Punkte (1,5 · Mindestgebot)

2. Bauzeit   Wichtung (15 %)
   LV-konform   10 Punkte
   besser als LV   12 Punkte
   Mindestbedingung   8 Punkte

3. Technischer Wert   Wichtung (15 %)
   LV-konform   10 Punkte
   besser als LV   12 Punkte
   Mindestbedingung   8 Punkte

Nebenangebote: zugelassen

Mindestvoraussetzungen: Bauende spätestens zum 31.10., frostfreie Ausführung Treppenanlage und thermische Abschottung der Medienkanäle.

---

[155] Vgl. Schkade, Das Nebenangebot im VOB-Vergabeverfahren aus Sicht öffentlicher Bauherren in Deutschland

2 Charakterisierung des Nebenangebotes

Das vorgeschlagene Punktesystem ermöglicht die Wertung von Nebenangeboten, berücksichtigt die gebotenen Grundsätze bei öffentlichen Vergabeverfahren hinsichtlich Transparenz, Gleichbehandlung, wirtschaftlichem Wettbewerb und berücksichtigt sowohl die nationale als auch die europäische Rechtsprechung:

- Vergabekammer des Bundes vom 24.10.2014 (VK 285/14) – vergaberechtskonforme Bewertungsmatrix,
- VK Lüneburg vom 07.02.2014 (VgK-51/2013) – Wertung der Preise,
- OLG Düsseldorf vom 27.11.2013 (Verg 20/13) – Wertung des Preises mit 95 % ist unzulässig,
- BGH vom 07.01.2014 (X ZB 15/13) – keine strengen Mindestanforderungen für Nebenangebote,
- BGH vom 07.01.2014 (X ZB 15/13) – Preis einziges Zuschlagskriterium – keine Wertung von Nebenangeboten,
- OLG Rostock vom 24.11.2004 (17 Verg 6/04) Traunfellner und die Folgen.

1. Zuschlagskriterium: Preis (Wichtung 70 %)

	Angebotssumme	Punktewert [%]
Bieter A		
Hauptangebot	495.000,00 €	656,6[156]
Nebenangebot 1	480.000,00 €	700,0
Bieter B		
Hauptangebot	507.000,00 €	621,6
Bieter C		
Hauptangebot	515.000,00 €	597,8
Nebenangebot 1	490.000,00 €	670,6
Nebenangebot 2	450.000,00 €	Ausschluss[157]
Bieter D		
Hauptangebot	535.000,00 €	539,7
Bieter E		
Hauptangebot	575.000,00 €	422,8
Bieter F		
Hauptangebot	496.000,00 €	653,1
Nebenangebot 1	490.000,00 €	670,6

---

[156] 9,38 (vgl. Punktewertermittlung) · 70 % (Preis) · 100 = 656,6
[157] Ausschluss aufgrund der Nichteinhaltung der Mindestvoraussetzung: Bauende

2.5 Zulassung, Prüfung und Wertung von Nebenangeboten

Punktewerte für Angebotssumme nach Interpolation:

		Punkt/EUR	Punktwert
Mindestbieter	480.000,00 €		10,00
	490.000,00 €		9,58
	490.000,00 €	0,000041667[158]	9,58
	495.000,00 €		9,38
	496.000,00 €		9,33[159]
	507.000,00 €		8,88
	515.000,00 €		8,54
	535.000,00 €		7,71
	575.000,00 €		6,04
Fiktiver Preis	720.000,00 €[160]		0

2. Zuschlagskriterium: Bauzeit (Wichtung 15 %)

LV: Bauzeit 14 Monate

Mindestbedingung: spätestes Bauende 31.10.

		Punktewert [%]
Bieter A		
Hauptangebot		150[161]
Nebenangebot 1		150
Bieter B		
Hauptangebot		150
Bieter C		
Hauptangebot		150
Nebenangebot 1		150
Nebenangebot 2	0 Punkte, Mindestbedingung (Bauende)	Ausschluss
Bieter D		
Hauptangebot		150
Bieter E		
Hauptangebot		150
Bieter F		
Hauptangebot		150
Nebenangebot 1	8 Punkte, Früherer Baubeginn	120[162]

---

[158] 1 € · 10 Punkte / (720.000,00 € - 480.000,00 €) = 0,000041667
[159] 10 - ((496.000,00 € - 480.000,00 €) · 0,000041667) = 9,33
[160] 1,5 · 480.000,00 € (Mindestangebotspreis) = 720.000,00 €
[161] 10 Punkte · 15 % (Bauzeit)
[162] 8 Punkte (da schlechter als Haupt-LV) · 15 %

2 Charakterisierung des Nebenangebotes

Punktewerte für Bauzeit:

	Punktwert
LV-konform	10
besser als LV	12
schlechter als LV	8

3. Zuschlagskriterium: Technischer Wert (Wichtung 15 %)

    LV: Raumtemperatur Treppenhaus ca. 5 Grad

    Mindestbedingung: Frostfreie Ausführung Treppenhaus, thermische Abschottung Medienschacht

		Punktewert [%]
Bieter A		
Hauptangebot		150
Nebenangebot 1	8 Punkte, keine 5 Grad	120
Bieter B		
Hauptangebot		150
Bieter C		
Hauptangebot		150
Nebenangebot 1	12 Punkte, Treppenanlage in Heizkreislauf	180[163]
Nebenangebot 2		Ausschluss
Bieter D		
Hauptangebot		150
Bieter E		
Hauptangebot		150
Bieter F		
Hauptangebot		150
Nebenangebot 1		150

Punktewerte für Technischer Wert:

	Punktwert
LV-konform	10
besser als LV	12

---

[163] 12 Punkte (da besser als Haupt.LV) · 15 %

2.5 Zulassung, Prüfung und Wertung von Nebenangeboten

schlechter als LV   8

4. Zusammenfassung Zuschlagskriterien - Wertungsübersicht

	I	II	III	Gesamt	Rang
Bieter A					
Hauptangebot	656,6	150	150	956,6	3.
Nebenangebot 1	700,0	150	120	970,0	2.
Bieter B					
Hauptangebot	621,6	150	150	921,6	6.
Bieter C					
Hauptangebot	597,8	150	150	897,8	7.
Nebenangebot 1	670,6	150	180	1.000,6	1.
Nebenangebot 2					Ausschluss
Bieter D					
Hauptangebot	539,7	150	150	839,7	8.
Bieter E					
Hauptangebot	422,8	150	150	722,8	9.
Bieter F					
Hauptangebot	653,1	150	150	953,1	4.
Nebenangebot 1	670,6	120	150	940,6	5.

Ergebnis und Vergabevorschlag: Nebenangebot 1 von Bieter C

Zweites Beispiel[164]

Das zweite Beispiel soll die Anwendung einer komplexen Bewertungsmatrix verdeutlichen, die sowohl beim Hauptangebot als beim Nebenangebot, wenn nichts anderes ausgeschrieben wurde, zu verwenden ist[165]. Damit erhält der Auftraggeber die Möglichkeit, das Bieterangebot nicht nur über den Preis, sondern über weitere spezifische Kriterien sicher zu bewerten. Die Anwendung einer Bewertungsmatrix kann den Aufwand im Rahmen des Prüfens und Wertens signifikant erhöhen. Sie ist jedoch ein brauchbares Hilfsmittel, um das „wirtschaftlichste"[166] und nicht wie so oft das „billigste" Angebot festzustellen.

---

[164] Vergabestelle wollte anonym bleiben
[165] Vgl. § 8 Abs. 2 Nr. 4 und § 16 Abs. 6 Nr. 8 VOB Teil A 2012
[166] Vgl. § 16 Abs. 6 Nr. 3 VOB Teil A 2012, [...] Der niedrigste Angebotspreis allein ist nicht entscheidend.

2 Charakterisierung des Nebenangebotes

Im Rahmen einer öffentlichen Ausschreibung nach SektVO sollte im Verhandlungsverfahren eine Tiefbauleistung vergeben werden. Hierbei sind als Zuschlagskriterien sowohl der Preis, mit einer Wichtung von 70 %, als auch ein Bauablauf- und Baubetriebskonzept, mit einer Wichtung von 30 %, vorgegeben worden. Das Bauablauf- und Baubetriebskonzept unterlag wiederum einer Bewertungsmatrix mit spezifischem Punktesystem. Demnach sind für das Bauablauf- und Baubetriebskonzept im Einzelnen folgende Bewertungsparameter vorgegeben worden:

- Projektverantwortliche/Organisationsstruktur   maximal 2 Punkte
- Bauablauf- und Betriebskonzept   maximal 15 Punkte
- Geplante Vorgehensweise zur fristgerechten Fertigstellung   maximal 5 Punkte
- Maßnahmen zur Qualitätssicherung   maximal 1 Punkt
- Angaben zur Materialverfügbarkeit   maximal 1 Punkt
- Angaben zur Umweltverträglichkeit   maximal 1 Punkt
- Angaben zur Materialverfügbarkeit   maximal 1 Punkt
- Angaben zur Umweltverträglichkeit   maximal 1 Punkt
- Angaben zum Arbeitsschutz   maximal 1 Punkt
- Darstellung eines Energieeffizienten Baubetriebes   maximal 1 Punkt
- Vorgehensweise Kompensation von Verzögerungen   maximal 1 Punkt
- Vorgehensweise Kompensation von Leistungsänderungen   maximal 1 Punkt
- Einhaltung der Einkaufsbedingungen des AG   maximal 1 Punkt

Die durchgeführte Submission hatte im Ergebnis acht wertbare Angebote hervorgebracht, wobei die Bieter 1 bis 5 und 7 als zusätzliche Zahlungsbedingung noch einen Skonto[167] in Höhe von 3 % innerhalb von 15 Tagen angeboten hatten. Unter Berücksichtigung der vorgegebenen Wertungsmatrix ergab sich insgesamt folgende Rangigkeit:

1. Bieter: 1.614.320,00 EUR   86,30 Punkte   Rang 5
2. Bieter: 1.889.339,87 EUR   72,00 Punkte   Rang 7
3. Bieter: 1.460.000,00 EUR   94,30 Punkte   Rang 3
4. Bieter: 1.350.000,00 EUR   100,00 Punkte   Rang 1
5. Bieter: 1.940.347,04 EUR   69,40 Punkte   Rang 8
6. Bieter: 1.651.134,48 EUR   84,40 Punkte   Rang 6

---

[167] Nachlass auf den Rechnungsbetrag als Zahlungsbedingung

2.5 Zulassung, Prüfung und Wertung von Nebenangeboten

7. Bieter: 1.395.000,00 EUR   97,70 Punkte   Rang 2
8. Bieter: 1.548.655,06 EUR   89,70 Punkte   Rang 4

Der Bieter 4 stand schließlich sowohl bei Bewertung des Angebotspreises als auch nach Berücksichtigung des Bauablauf- und Betriebskonzeptes auf Rang 1.

Erstaunlicherweise erhielten alle acht Bieter für das Bauablauf- und Betriebskonzept einheitlich 30 Punkte. Man könnte daraus hypothetisch schließen, dass entweder alle Bieter ein ausgezeichnetes und vollständiges Bauablauf- und Betriebskonzept nach den Wünschen der Vergabestelle eingereicht hatten oder dass das Bauablauf- und Betriebskonzept eher eine zweitrangige sogenannte „Alibifunktion" zu erfüllen hatte.

Bemerkenswert bleiben jedoch der verhältnismäßig große Umfang und die Feingliedrigkeit des Bauablauf- und Betriebskonzeptes. Warum dieses Konzept schlussendlich von der Vergabestelle einheitlich für alle Bieter mit der maximalen Punktezahl bewertet wurde, war leider nicht in Erfahrung zu bringen und muss daher kritisch, da nicht transparent, bewertet werden.

2.5.4 Besonderheiten im Rahmen der Angebotswertung

Abzugrenzen sind Nebenangebote von Mehrfachangeboten. Nebenangebote stellen einen von der geforderten Leistung abweichenden Bietervorschlag dar. Bei Mehrfachangeboten werden erkennbar gleichwertige Produkte angeboten und sind im § 13 Abs. 2 der VOB Teil A 2012 geregelt: Demnach kann eine Leistung, die von den vorgesehenen technischen Spezifikationen nach § 7 Absatz 3 und 8 VOB Teil A 2012 abweicht, angeboten werden, wenn sie mit dem geforderten Schutzniveau in Bezug auf Sicherheit, Gesundheit und Gebrauchstauglichkeit gleichwertig ist. Die Abweichung muss im Angebot eindeutig bezeichnet sein. Die Gleichwertigkeit ist mit dem Angebot nachzuweisen.[168]

Bieter, die innerhalb eines Ausschreibungsverfahrens mehrere Hauptangebote einreichen, können ihre Chancen auf den Zuschlag erhöhen. Allerdings besteht damit auch die Gefahr, dass gegen die Grundsätze des Wettbewerbs verstoßen wird und gegebenenfalls ein Angebotsausschluss droht. Daher müssen Bieter bei der Abgabe von Mehrfachangeboten die Anforderungen beachten, die die vergaberechtliche Entscheidungspraxis entwickelt hat. So wird vorausgesetzt, dass jedem abgegebenen Hauptangebot ein eigener Erklärungsinhalt beigemessen werden kann und sich die Angebote inhaltlich (technisch) voneinander unterscheiden.[169]

Im Hinblick auf die von den Bietern bei der Abgabe von mehreren Hauptangeboten einzuhaltenden Formvorgaben sind an mehrfach abgegebene Hauptangebote die gleichen

---

[168] Vgl. VOB Teil A 2012
[169] Vgl. www.vergabeblog.de, 10.11.2014

Anforderungen zu stellen wie an Nebenangebote. Auch wenn Mehrfachangebote die Form von Nebenangeboten berücksichtigen sollen, so besteht dennoch ein Unterschied. Nebenangebote stellen einen von der geforderten Leistung abweichenden Bietervorschlag dar. Bei Mehrfachangeboten werden erkennbar gleichwertige Produkte angeboten. Nebenangebote sind an einer bestimmten Stelle aufzuführen, auf einer besonderen Anlage zu machen und als Nebenangebote jeweils deutlich zu kennzeichnen. Bieter, die unterschiedliche oder mehrere Hauptangebote innerhalb eines Vergabeverfahrens abgeben, müssen zur Einhaltung der Form darauf achten, dass die Hauptangebote eindeutig als solche erkennbar und in ihrem Inhalt unzweifelhaft bestimmbar sowie voneinander abgrenzbar sind. Die Wertung solcher Mehrfachangebote erfolgt im Rahmen der Wertung von Hauptangeboten.[170]

Sollte ein Bieter ein Nebenangebot einreichen, dessen Inhalt jedoch technisch gleichwertig mit dem Bietervorschlag ist, dann ist dieses wie ein Mehrfachangebot anzusehen und als Hauptangebot zu werten. Das gleiche gilt für ein Angebot eines gleichwertigen Produktes wie vom Auftraggeber ausgeschrieben, aber eines anderen Anbieters. Auch dieses Angebot stellt kein Nebenangebot dar, sondern ist als Hauptangebot zu werten.[171]

2.5.5 Ausschlussgründe für Nebenangebote

Ausschlussgründe sind ein oft konträr diskutiertes Spannungsfeld im Vergabeverfahren, da sie insbesondere über die Wertung des Nebenangebotes und damit den Zuschlag zum Auftrag entscheiden. Hierbei können schon zum Teil marginal erscheinende Punkte Anlass zum Disput zwischen der Vergabestelle und dem Bieter geben, der nicht selten gerichtlich geklärt werden muss. Ein transparentes, nachvollziehbares, rechtskonformes und wertungsneutral geführtes Verfahren schafft hier Sicherheit für alle beteiligten Parteien und beugt unnötigen Streitigkeiten vor. Dabei kann dem Bieter- oder Aufklärungsgespräch eine große Bedeutung zukommen. Die Praxis hat leider schon zu oft gezeigt, dass „einsame Entscheidungen" der Vergabestellen im Nachprüfverfahren revidiert worden sind. Hieraus können sich dann kostenintensive Auswirkungen zumeist für den Bauherrn ergeben. Zu nennen sind hier beispielhaft Nachträge, die infolge einer „Verzögerten Vergabe" durch den Auftragnehmer geltend gemacht werden.

In den letzten Jahren hat erfreulicherweise auch die Anzahl an durchgeführten Bietergesprächen, vor allem bei größeren Vergabestellen, stetig zugenommen. Es sollte zügig in den Gremien (z. B. DVA) über eine Vorschrift zur zwingenden Durchführung von Bietergesprächen bei Abgabe von Nebenangeboten befunden werden.

---

[170] Vgl. www.ibr-online.de, 05.05.2015
[171] Vgl. www.ibr-online.de, 05.05.2015

2.5 Zulassung, Prüfung und Wertung von Nebenangeboten

Nebenangebote sind im Vergabeverfahren nicht zugelassen, wenn u. a. folgende allgemeinen Kriterien vorliegen:[172]

- Ausschluss in den Vergabebekanntmachungen,
- verspätete Einreichung nach dem Eröffnungstermin (laut Poststempel),
- Nichtbeachtung der geforderten Angebotsform (besondere Anlage, verschlossener Umschlag, Kennzeichnung, etc.),
- inhaltlich unvollständige Angebote zum Zeitpunkt der Angebotsabgabe und Überschreitung der Nachfrist für die Abgabe von geforderten Erklärungen oder Nachweisen[173],
- Abweichung von den Mindestkriterien der Ausschreibung,
- Abweichung von zwingenden Vertragsbedingungen,
- Angebote mit grundsätzlich anderen als den ausgeschriebenen Leistungen (Aliud[174]),
- Verstoß gegen Gesetze, Vorschriften und Genehmigungen (z. B. Mindestlohn),
- das Fehlen wichtiger Preisangaben,
- Angebote, die Bedingungen und Vorbehalte enthalten oder auch nur vom Bieter selbst abhängig sind (z. B. beigelegte AGB des Bieters),
- mehrfache Beteiligung eines Unternehmens an der Ausschreibung,
- Angebote, die das Gleichwertigkeitskriterium zum Amtsentwurf nicht erfüllen,
- Angebote mit hypothetischen Angaben oder Prognosen,
- Angebote für unternehmensseitige statt bauseitige Lieferung oder Bereitstellung,
- Angebote mit Unbestimmtheit der Angebotsinhalte (u. a. Angaben von z. B.),
- Angebote mit Pauschalierungen im Erdbau,
- Angebote ohne die Übernahme der Mengen- und Verfahrensgarantie.

Dagegen sieht das Vergabehandbuch des Bundes folgende spezifische Ausschlussgründe für Nebenangebote strikt vor:[175] Demnach ist ein Nebenangebot aus formalen Gründen von der Wertung auszuschließen, wenn

---

[172] Vgl. www.ibr-online.de, 04.09.2014
[173] Vgl. OLG Naumburg, Beschluss vom 23.02.2012, Az: 2 Verg 15/11
[174] Lateinisch: etwas Anderes
[175] Vgl. VHB Bund, Stand 08/2014

2 Charakterisierung des Nebenangebotes

- es im Eröffnungstermin dem Verhandlungsleiter bei Öffnung des ersten Angebotes nicht vorgelegen hat (ausgenommen Fälle nach § 14 Abs. 6, 14EG Abs. 6 und 14VS Abs. 6 VOB Teil A).
- es nicht an der vorgesehenen Stelle unterschrieben ist. Elektronisch übermittelte Angebote müssen mit der im DV-Verfahren festgelegten Signatur versehen sein.
- in mehr als einer Position die Angabe des Preises fehlt.
- es geforderte Erklärungen nicht enthält und diese auch nicht innerhalb von 6 Kalendertagen nach Aufforderung durch die Vergabestelle nachgereicht werden.
- die Eintragung des Bieters nicht zweifelsfrei ist.
- es Änderungen an den Vergabeunterlagen enthält.
- es zwingende formale Anforderungen der Vergabeunterlagen nicht erfüllt.
- es nicht zugelassen ist.

Nicht auszuschließen sind Nebenangebote nach dem VHB-Bund, die nicht im Angebotsschreiben an der dafür vorgesehenen Stelle aufgeführt sind. Sie verstoßen zwar gegen die VOB Teil A und die Bewerbungsbedingungen, können jedoch nicht ausgeschlossen werden, da dieser Formfehler kein Ausschlussgrund ist.

2.6 Vor- und Nachteile von Nebenangeboten

Nachdem die Vergabestelle auf ein Nebenangebot den Zuschlag erteilt hat, ist dieses damit Vertragsgegenstand geworden. Interessant ist nunmehr die Fragestellung, wie sich der Bauvertrag damit geändert hat. Neben den vielen Vorteilen, die ein Nebenangebot zunächst bieten kann, ergeben sich oft auch Nachteile für den Auftraggeber und den Auftragnehmer, die es zu bewerten gilt (vgl. Abbildung 14).

2.6 Vor- und Nachteile von Nebenangeboten

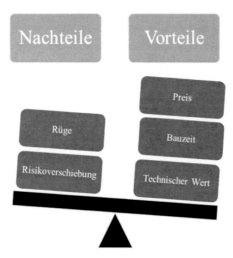

Abbildung 14: Abwägung

Eine sorgfältige Abwägung im Rahmen der vorvertraglichen Phase ist daher zwingend geboten, denn der zunächst vermeintliche Vorteil kann sich auf den „zweiten Blick" oder im Nachhinein als folgenschwerer Nachteil herausstellen, der nicht nur zusätzliche Kapazitäten bindet, sondern oft mit Mehrkosten und Bauzeitverlängerungen einhergeht oder mit langwierigen Gerichtsverfahren enden kann.

Das Nebenangebot mit seinen vielfältigen Facetten stellt sich für die Vergabestelle manchmal als s. g. „Blackbox" dar, denn ein weiterer bedeutender Aspekt in der Wertungsphase ist die Unsicherheit, die sich beim „Eingriff" des Nebenangebotes in vertragliche Haftungsfragen ergibt. Hierbei geht es insbesondere um mögliche Verschiebungen beim Erfolgs-, Verfahrens-, Planungs-, Vergütungs-, Baugrund- und Bauzeitrisiko sowie der Mängelhaftung (vgl. Abbildung 15). Demnach können Nebenangebote den Amtsentwurf hinsichtlich der Risikoverschiebung nachhaltig modifizieren. Dies wirkt sich meist zugunsten des Auftraggebers aus, da die Änderung vom Bieter initiiert wurde. Zur Erschließung von potentiellen Vorteilen, die sich für den öffentlichen Auftraggeber aus der Risikoverschiebung zum Bieter ergeben, sollten umgehend verbindliche Kriterien für die Bewertung von Nebenangebote festgelegt werden. Damit könnte dieses enorm werthaltige Potential gewinnbringend genutzt werden und die Reputation des Nebenangebotes positiv heben.

2 Charakterisierung des Nebenangebotes

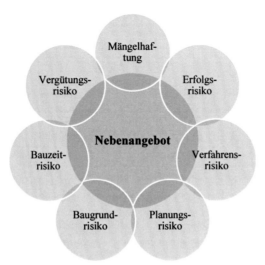

Abbildung 15: Möglichkeiten der Risikoverschiebung

Es gilt deshalb auch hier der Grundsatz, dass eine dezidierte Risikoabgrenzung durch die Vergabestelle zwingend erfolgen muss. Aktuell werden vermehrt spezifische Bewertungsmatrizen[176] eingesetzt, um die Bewertung von Nebenangeboten transparenter und sicherer zu gestalten.

2.6.1 Vorteile für die öffentlichen Auftraggeber

Der Amtsvorschlag, den der Auftraggeber als Grundlage für das Hauptangebot mit den Verdingungsunterlagen an die Bieter weitergibt, stellt nicht immer die optimale Lösung einer Bauaufgabe dar, und zwar sowohl in technischer Hinsicht als auch im Hinblick auf den geforderten finanziellen Aufwand für die Realisierung des Bauvorhabens.[177] Im Ergebnis können sich daher durch Nebenangebote Vorteile für den Auftraggeber ergeben.

Zum einen liegt durch ein Nebenangebot regelmäßig ein monetärer Nutzen für den öffentlichen Auftraggeber vor.

Im Rahmen des bestehenden Preiswettbewerbes auf dem Baumarkt ist das Ziel aller Bieter, ein Angebot mit einem möglichst niedrigen Preis abzugeben. Ein Bieter arbeitet Nebenangebote mit dem vorrangigen Ziel aus, durch die von ihm angebotene Alternative i. d. R. einen niedrigeren Angebotspreis anbieten zu können als er dies bei Abgabe eines

---

[176] Vgl. Kapitel 2.5.3, Zweites Beispiel
[177] Vgl. Schalk, Nebenangebote im Bauwesen, S. 185

2.6 Vor- und Nachteile von Nebenangeboten

Hauptangebots auf die vom Auftraggeber vorgegebenen Leistungen hätte erreichen können. Auf diese Weise eröffnet sich für den Auftraggeber die Aussicht auf oft erhebliche Einsparungen. Auch mittelbar können dem Auftraggeber durch Nebenangebote finanzielle Vorteile erwachsen. Durch die Verkürzung der Bauzeit, Energieeinsparmöglichkeiten beim Gebäudeausbau oder durch die Reduzierung von Wartungskosten können zum Beispiel vom Bieter angebotene Abweichungen vom Leistungskatalog des Auftraggebers dazu führen, dass der Bauherr das Gebäude etwa früher als geplant nutzen kann oder die Folgekosten für den Unterhalt des Bauwerks niedriger liegen als sie im Falle der Ausführung des Hauptangebots gewesen wären.[178]

Die Vorteile in technischer Hinsicht generieren Nebenangebote in neuen Bauweisen oder Techniken. *„Dies liegt darin begründet, dass Bieter vielfach Spezialkenntnisse haben, die Auftraggebern nicht zur Verfügung stehen. Unter anderem haben Spezialtiefbauunternehmen etwa in ihrem Leistungsspektrum nicht selten spezielle Bauverfahren oder Konzepte zur Gründung oder Unterfangung von Bauwerken oder zur Herstellung von Baugruben. Aber auch in anderen Gewerken haben insbesondere spezialisierte Unternehmen die Möglichkeit, ihre zum Teil langjährigen Erfahrungen auf ihrem Einsatzgebiet in innovative Nebenangebote zu überführen. Zunehmende Spezialisierung von Unternehmen führt darüber hinaus dazu, dass sie in der Lage sind, derartige Verfahren auch zu einem konkurrenzfähigen Preis anzubieten."*[179]

Der Auftraggeber kann auf diese Weise die technischen Kenntnisse, Betriebseinrichtungen und spezielle Erfahrungen der Unternehmen für sich nutzen. Beispielsweise kann der Auftraggeber im Ergebnis ein höherwertiges Werk erhalten, als er es mit seiner ursprünglichen Planung selbst ausgeschrieben hatte. Die Dauerhaftigkeit des Werks kann gesteigert sein, der Wartungs- und Instandhaltungsaufwand während der Betriebszeit kann niedriger sein, was wiederum zu Einsparungen bei den Betriebskosten führt und damit einen finanziellen Vorteil darstellt. *„Die technische Innovation kann sich in verschiedenen Formen verkörpern: Ein Bieter kann mit Hilfe eines Nebenangebotes ein besseres Bauverfahren oder einen besseren Baustoff anbieten. Er kann das Bauverfahren in technischer Hinsicht optimieren, so dass die Herstellung oder aber der Betrieb des fertig gestellten Bauwerks schneller, kostengünstiger oder einfacher zu handhaben ist."* [180]

An dieser Stelle ist darauf hinzuweisen, dass Bauherren, zumindest in Teilbereichen, auf Nebenangebote verzichten müssen, wenn die Planung und Ausschreibung einer Bauleistung die Folge eines Architektenwettbewerbes ist.[181] In diesen Fällen hat der Wettbewerbsgewinner Anspruch darauf, dass die Bauleistung so erfolgt, wie er sie geplant hat.

---

[178] Marbach: Festschrift für Vygen, 1. Auflage, S. 241
[179] Schalk, Nebenangebote im Bauwesen, S. 188
[180] Schalk, Nebenangebote im Bauwesen, S. 189
[181] Vgl. Wanninger, Haben Nebenangebote noch eine Zukunft?, S. 10

Nur in untergeordneten Bereichen, wie z. B. der Baugrubensicherung oder der Gründung, ist es in diesen Fällen möglich, Nebenangebote zuzulassen.

Nebenangebote können darüber hinaus zur Förderung der technischen Weiterentwicklung und der Rationalisierungsbemühungen beitragen.[182]

Ein weiterer Vorteil kann sich für den Auftraggeber mit dem „Eingriff" des Nebenangebotes in vertragliche Haftungsfragen ergeben, nämlich dann, wenn das Nebenangebot unmittelbar das Verfahrensrisiko des Amtsentwurfes tangiert, welches ursprünglich beim Auftraggeber liegt. Dieser doch sehr bedeutende vertragsrechtliche Aspekt wird in der praktischen Anwendung, also im Rahmen der Wertung eines Nebenangebotes, meist nicht gebührend gewürdigt, da hier ein Bewertungsreglement gänzlich fehlt. Bei genauer Betrachtung stellt sich jedoch heraus, dass der Auftraggeber mit der Verschiebung des Haftungsrisikos zum Auftragnehmer hin regelmäßig deutlich besser gestellt wird. Dies kann in der Endkonsequenz auch zu niedrigeren Folge- oder Nachtrags- respektive Gesamtbaukosten führen.

Hier sollte aus den Erfahrungen gelernt werden. Eine Wertungsmatrix z. B. mit Punkten für den Technischen Wert könnte hier zusätzlich Sicherheit bringen.

2.6.2 Vorteile für die Auftragnehmer

Aus Sicht des Auftragnehmers/Bieters haben Nebenangebote zunächst das vorrangige Ziel, die Chancen im „Kampf um den Auftrag" zu verbessern. Außerdem kann man versuchen, z. B. im Verhandlungsverfahren einfach nur ins Gespräch mit der Vergabestelle zu kommen, um dann ggf. hier einen Vorteil zu generieren. Dieser vermeintliche Vorteil ergibt sich zumeist für regionale Unternehmen, da sie mit der Vergabestelle bekannt sind oder aber ein kommunalpolitisches Interesse an der Vergabe an „einheimische"[183] Bauunternehmen besteht.

Ein weiterer Vorteil besteht darin, dass vor allem spezialisierte Unternehmen das Nebenangebot als s. g. Innovationstransfer ihrer Produkte und Verfahren in den Bauauftrag zu nutzen und damit ihre Konkurrenzfähigkeit und Auslastung zu verbessern.

Darüber hinaus kann ein Nebenangebot auch einfach nur aus Gründen der Firmenreputation eingereicht werden.

In der Praxis werden Nebenangebote außerdem genutzt, um Vorteile aus erkannten Mengenreserven in den Leistungsverzeichnissen bieterseitig zu nutzen. Insbesondere werden hierfür regelmäßig pauschale Abrechnungsmodalitäten angeboten.

---

[182] Vgl. Heiermann/Riedl/Rusam, Handkommentar zur VOB
[183] im Sinne regional

2.6 Vor- und Nachteile von Nebenangeboten

Vermehrt wird eine größere Anzahl an Nebenangeboten kreiert, um verschiedene Variationsmöglichkeiten in der Wertungsphase zu erschließen und im Bietergespräch den größtmöglichen wirtschaftlichen Vorteil zu erlangen.
Der Bieter gilt daher explizit als Initiativträger des Nebenangebotes.

2.6.3 Nachteile für die öffentlichen Auftraggeber

Dem Auftraggeber entsteht durch seine Entscheidung, Nebenangebote zuzulassen, im Vorfeld der Versendung der Verdingungsunterlagen bereits ein Mehraufwand. Der Auftraggeber hat Mindestanforderungen an die Nebenangebote in den Verdingungsunterlagen anzugeben und zu erläutern. Die Erläuterung der Mindestanforderungen führt in zeitlicher und personeller Hinsicht bereits bei der Erstellung der Vergabeunterlagen zu einem Mehraufwand. Werden die Vergabeunterlagen durch externe Planer erstellt, bedeutet höherer Zeitaufwand einen zugleich größeren finanziellen Aufwand für den öffentlichen Auftraggeber.[184]

Ein weiterer Mehraufwand besteht darin, dass der Auftraggeber in der Phase des Prüfens und Wertens zusätzlich zu den Hauptangeboten auch eine z. T. große Anzahl an Nebenangeboten prüfen muss. Der zeitliche Mehraufwand wird noch einmal dadurch vergrößert, dass der Auftraggeber auch eine qualitative Prüfung vorzunehmen hat, die bei einem Hauptangebot entfällt. Nebenangebote erfordern einen größeren Prüfungsaufwand pro Angebot, insbesondere bei der technischen und wirtschaftlichen Prüfung. Es ist zu klären, ob das Nebenangebot die technischen Anforderungen des Auftraggebers erfüllt. Darüber hinaus ist zu untersuchen, ob die vom Bieter im Rahmen des Nebenangebots vorgeschlagene Alternativlösung für die nachgefragte Bauleistung geeignet ist und inwieweit das technische Konzept stimmig ist. Das kann bei neuartigen Verfahren und Baustoffen einen erheblichen Zeitaufwand erfordern.[185]

Im Rahmen der Wertung der Angebote bedeuten Nebenangebote einen signifikanten Mehraufwand für den Auftraggeber. Neben den Wertungsaspekten, die der Auftraggeber ebenso wie bei Hauptangeboten zu berücksichtigen hat, liegt der Schwerpunkt der Wertung insbesondere bei der Prüfung, inwieweit das vorliegende Nebenangebot mit dem Amtsentwurf gleichwertig ist. Wie bereits im Rahmen der Angebotsprüfung, wird insbesondere bei komplexen Nebenangeboten, die Hinzuziehung eines externen Ingenieurbüros oder anderweitigen Sachverständigen erforderlich werden. Dies führt oft zu einem größeren finanziellen Aufwand. Demnach tangiert das Nebenangebot meist nicht nur den Vergabe- und Bauausführungsprozess, sondern greift zugleich werthaltig in das zwischen der Vergabestelle und dem externen Planer bestehende Vertragsverhältnis ein. Darüber

---

[184] Lt. Angabe des Staatsbetriebes Sächsisches Immobilien- und Baumanagement. NL Bautzen, 2015
[185] Lt. Angabe des Staatsbetriebes Sächsisches Immobilien- und Baumanagement. NL Bautzen, 2015

hinaus setzt es indirekt den Planer/Aufsteller unter Druck, da eine Verbesserungsmöglichkeit des Amtsentwurfs offen suggeriert wird. Das wird dem Planer natürlich nicht gefallen. Der Planer hat daher oft eine eher negative respektive ablehnende Grundeinstellung zum Nebenangebot. Hier öffnet sich eine Parallele zum Nachtragsangebot des Auftragnehmers, welches definitiv negativ auf der Auftraggeberseite besetzt ist.[186]

Wird die Prüfung und Wertung von vermeintlich preislich günstigen Nebenangebote nicht mit großer Sorgfalt durchgeführt besteht die latente Gefahr, dass der Auftraggeber ggf. keine gleichwertige Leistung oder eine ungenügend erprobte Bauweise erhält.

2.6.4 Nachteile für die Auftragnehmer

Bei der Abgabe eines Nebenangebotes besteht für den Bieter gerade und vor allem das latente Risiko der Verschiebung oder Übernahme von zunächst dem Auftraggeber zuzuordnenden Risiken und Haftungsfragen. Der Bieter sollte sich daher zunächst darüber im Klaren sein, ob sich der vermeintliche wirtschaftliche Effekt in Summe lohnt, ein zum Teil erhöhtes Risiko in den Bauvertrag vorsätzlich zu inkludieren.

Nachteilig kann sich insbesondere die Übernahme des Planungs-, Preis- und Mengenrisikos sowie der Verfahrensgarantie auswirken.[187] Dies gilt insbesondere bei Nebenangeboten, die in das Gründungsverfahren eines Bauwerkes und damit in das Baugrundrisiko des Auftraggebers eingreifen.

Nicht zu unterschätzen ist auch der Eingriff des Nebenangebotes in baugenehmigungsrechtliche Belange und in die (Ausführungs-) Planung des Auftraggebers.

Auch eine Modifizierung vorgegebener Bauabläufe und Abhängigkeiten, insbesondere bei losweisen Vergaben, kann eine erhebliche Vergrößerung des Risikos für den Bieter bedeuten.

Im Weiteren werden durch Nebenangebote oft Nachtragsforderungen ausgeschlossen.[188]

Nur wenn der Bieter im Nebenangebot auf die Risiken ordnungsgemäß hingewiesen hatte, muss der Auftraggeber auch im Rahmen der üblichen Zuweisung diese Risiken tragen. In der Praxis verzichtet der Bieter jedoch oft auf diesen Hinweis, da er befürchten muss, dass die Vergabestelle von einer Beauftragung des Nebenangebotes absieht. Damit nehmen viele Bieter eine höhere Risikotragung mit Abgabe des Nebenangebotes in Kauf.

---

[186] Lt. Angabe des Staatsbetriebes Sächsisches Immobilien- und Baumanagement, NL Bautzen, 2015
[187] Vgl. Heiermann/Riedl/Rusam, Handkommentar zur VOB
[188] Vgl. Heiermann/Riedl/Rusam, Handkommentar zur VOB

2.7 Das versteckte Nebenangebot

Im Allgemeinen liegt ein verstecktes Nebenangebot vor, wenn ein Bieter eigentlich ein Hauptangebot abgeben will, dieses aber faktisch vom Leistungsverzeichnis des Auftraggebers in irgendeiner Form abweicht. Die Frage, ob das Angebot dann zu werten oder aber auszuschließen ist, wird sowohl in der Rechtsprechung als auch in der Literatur unterschiedlich kommentiert. Zum einen wird die Meinung vertreten, dass derartige Angebote insgesamt aus der Wertung auszuschließen sind. Es wird dahingehend argumentiert, dass § 16 Abs. 1 Nr. 1b VOB Teil A 2012 eine starke Ausrichtung auf die Verhinderung von Unregelmäßigkeiten aufweise. Zur Verhinderung von Manipulationsmöglichkeiten sei somit ein strenger Maßstab anzulegen, der einen Beurteilungsspielraum für den Auftraggeber, ob er ein solches Angebot werten will oder nicht, nicht zulasse.[189] Ein Angebot mit unzulässigen Änderungen an den Verdingungsunterlagen im Sinne des § 13 Abs. 5 VOB Teil A 2012 dürfe auch nicht ersatzweise als Nebenangebot gewertet werden.[190]

Es wird jedoch überwiegend die Ansicht vertreten, wonach der Auftraggeber die Möglichkeit hat, ein solches verstecktes Nebenangebot zu werten. Begründet wird dies damit, dass es sich dabei nicht um Hauptangebote handelt, die auf Grund der Verletzung der Vorschrift des § 16 Abs. 1 VOB Teil A nach § 13 Abs. 5 VOB Teil A 2012 zwingend auszuschließen sind. Vielmehr wird davon ausgegangen, dass es sich um Nebenangebote handelt, die entgegen der Vorgabe nicht auf besonderer Anlage mit besonderer Kennzeichnung eingereicht wurden. Dieser Verstoß jedoch führt nach § 13 VOB Teil A 2012 nicht zu einem zwingenden, sondern lediglich zu einem fakultativen Ausschluss des Angebots aus der Wertung.[191]

Der § 16 VOB Teil A 2012 ist darüber hinaus als Schutznorm für den Auftraggeber ausgerichtet, so dass es diesem auch überlassen bleiben muss, ob er diesen Schutz für sich in Anspruch nehmen will oder nicht. Diese Vorschrift ist damit keine zwingende formale Ordnungsvorschrift und ist auch nicht als zwingende Ausschlussregel zu sehen.

Eine Vergabestelle handelt danach sogar ermessensfehlerhaft in Form eines Ermessensnichtgebrauchs, wenn sie ein nicht als solches gekennzeichnetes Nebenangebot mit der Begründung aus der Wertung ausschließt, dass es eine unzulässige Änderung an den Verdingungsunterlagen darstellen würde.[192]

Der Auftraggeber kann ein verstecktes Nebenangebot damit grundsätzlich werten. Weicht ein Angebot von den Verdingungsunterlagen ab, ist das zunächst kein zwingender Ausschluss. „*Das Ermessen des Auftraggebers, ein solches Angebot zu werten, ist jedoch*

---

[189] VK Nordbayern, Beschluss vom 29.05.2001, 320.VK-3194-08/01, IBR 2002, 35; Motzke/Pietzcker/Prieß, § 21 VOB Teil A, Rdn. 41
[190] Vgl. Kapellmann/Messerschmidt, § 21 VOB Teil A, Rdn. 35, 2. Auflage
[191] Vgl. Motzke/Pietzcker/Prieß; Dähne/Schelle, a. a. O.; Schweda, a. a. O.
[192] Vgl. Schweda, VergabeR 2003, 272; Heiermann/Riedl/Rusam, § 21 VOB Teil A, Rdn. 54

nicht uneingeschränkt: Wegen des systematischen Zusammenhangs mit § 16 VOB Teil A 2012 ist das Ermessen in einem solchen Fall dahingehend reduziert, das Angebot wegen des Bieter schützenden Gebots eines transparenten, chancengleichen Wettbewerbs in § 97 Abs. 1, 2 GWB nach § 13 VOB Teil A 2012 auszuschließen."[193]

2.8 Haftungsfragen

Beim Umgang mit Nebenangeboten werden Haftungsfragen oft unterschätzt oder auch überbewertet. Daher bedarf diese Thematik einer vertieften Betrachtung.

Eine zentrale Rolle bei der Beauftragung eines Nebenangebots wird vertragsrechtlich dem Bauunternehmen zuzurechnen sein, da ihr initiiertes Nebenangebot meist das ursprüngliche Bausoll respektive den Amtsentwurf teilweise oder komplett verändert. Das Bauunternehmen übernimmt in diesem Fall nicht nur die Ausführung in Form der Umsetzung der Planung des Auftraggebers oder Planers, sondern sie übernimmt mit ihrem Nebenangebot oftmals die Planung selbst. Darüber hinaus setzt der Auftragnehmer als Werkunternehmer das Bauvorhaben um und hat bereits aus der grundsätzlichen Einordnung in das Werkvertragsrecht nach §§ 631 ff. BGB eine umfassende Erfolgshaftung. Demnach sollten sich alle beteiligten Parteien gleich von vornherein dieser bedeutenden Frage bewusst sein. Die mögliche Verschiebung der Haftungsfrage kann für den Auftraggeber im Nachhinein ungeahnte Vorteile generieren und den Auftragnehmer hingegen benachteiligen. Es ist daher geboten, hier eine strikte Einzelfallabwägung vorzunehmen, denn ein zunächst augenscheinlich vielversprechender Vorteil im Nebenangebot kann sich infolge der Haftungsverschiebung schnell in einen kosten- oder zeitintensiven Nachteil wandeln. Zu nennen wäre u. a. das dem Auftraggeber im Amtsentwurf zuzuordnende Baugrund- und Verfahrensrisiko, welches im Nebenangebot, z. B. bei einem geänderten Gründungsverfahren, dann ganz oder teilweise dem Auftragnehmer zufallen kann. Dieser sich aus der Haftungsverschiebung für den Auftraggeber ergebende Vorteil wird in der Praxis teils nicht erkannt oder bleibt im Wertungsprozess oft außen vor. Es stellt sich daher die Frage, warum die Vergabestelle den sich ergebenden Haftungsvorteil nicht als ihren Vorteil bewertet. Als Antwort kommen möglicherweise eine latente Rechtsunsicherheit oder aber auch das bloße Nichterkennen in Betracht.[194]

Bei allen abzuwägenden Fragen sollte jedoch der positive Aspekt des Nebenangebotes als Innovationsbringer im Vergabeprozess vordergründig gesehen werden.

Die Haftungsfrage muss daher im Interesse der Rechtssicherheit beider Parteien transparent erörtert und vertraglich fixiert werden. Zur späteren Konfliktvermeidung ist oft eine

---

[193] Vgl. VK Brandenburg, Beschluss vom 12.03.2003, VK 7/03
[194] Vgl. www.ibr-online.de, 03.04.2015

verfahrensbegleitende juristische Beratung anzuraten, da die Komplexität der Thematik meist unter Zeitdruck vom Bearbeiter nicht gleich und vollumfänglich zu erfassen ist.

2.9 Rechtliche Grundlagen

Das Vergaberecht ist mittlerweile erheblich geprägt durch europarechtliche Vorgaben, insbesondere in den Bereichen über dem Schwellenwert nach § 2 VgV 2014, in dem die nationalen Regelungen, die aus den europäischen Richtlinien entstanden, zwingend anzuwenden sind.

Für das öffentliche Vergabewesen in der EU bildet zunächst der Gemeinschaftsvertrag (EG-Vertrag) die rechtliche Grundlage. Zahlreiche Richtlinien, in denen sich auch Vorgaben zum Nebenangebot finden lassen, verpflichten die Mitgliedsstaaten, europäische Vorgaben in nationales Recht umzusetzen. Eine zentrale Regelung zum Thema Nebenangebot war zunächst Art. 19 der Baukoordinierungsrichtlinie 93/EWG, der auch die Grundlage für die „Traunfellner-Entscheidung" des EuGH[195] bildet:

Art. 19 der Richtlinie 93/EWG[196]

„Bei Aufträgen, die nach dem Kriterium des wirtschaftlich günstigsten Angebots vergeben werden sollen, können die Auftraggeber von Bietern vorgelegte Änderungsvorschläge berücksichtigen, wenn diese den vom Auftraggeber festgelegten Mindestanforderungen entsprechen.

Die öffentlichen Auftraggeber erläutern in den Verdingungsunterlagen die Mindestanforderungen, die Änderungsvorschläge erfüllen müssen, und bezeichnen, in welcher Art und Weise sie eingereicht werden können. Sie geben in der Bekanntmachung an, ob Änderungsvorschläge nicht zugelassen werden. Die öffentlichen Auftraggeber dürfen einen vorgelegten Änderungsvorschlag nicht allein deshalb zurückweisen, weil darin technische Spezifikationen verwendet werden, die unter Bezugnahme auf einzelstaatliche Normen, mit denen europäische Normen umgesetzt werden, auf europäische technische Zulassungen oder auf gemeinsame technische Spezifikationen im Sinne von Artikel 10 Absatz 2 oder aber auf einzelstaatliche technische Spezifikationen im Sinne von Artikel 10 Abs. 5 Buchstabe a) und b) festgelegt wurden."

Diese Norm gibt die grundsätzliche Möglichkeit für den Auftraggeber vor, bei Bauaufträgen, die nach dem Wirtschaftlichkeitsprinzip vergeben werden, Nebenangebote zu berücksichtigen, ohne bereits Näheres zum Verfahren oder zu Einzelheiten zu regeln. Satz 2 schreibt unter anderem die Verpflichtung des Auftraggebers fest, Mindestanforderungen für Nebenangebote nicht nur zu nennen, sondern zu erläutern.

---

[195] Vgl. EuGH Urteil vom 16.10.2003 – C – 421/01, „Traunfellner-Entscheidung"
[196] Vgl. EWG, Artikel 19

2 Charakterisierung des Nebenangebotes

Nunmehr regelt Art. 45 der Richtlinie über die Vergabe öffentlicher Aufträge RL 2014/24/EU (ersetzt seit dem 17.04.2014 die Vergabekoordinierungsrichtlinie 2004/18/EG) die Handhabung von Nebenangeboten im Vergabeverfahren, die dort nicht mehr als solche, sondern als „Varianten" bezeichnet werden.

Der Art. 45 Abs. 1 enthält die grundsätzliche Möglichkeit für Auftraggeber, Varianten (Nebenangebote) zuzulassen sowie die grundsätzliche Unzulässigkeit von Varianten, wenn der Auftraggeber nicht ausdrücklich Gegenteiliges in der Vergabebekanntmachung erklärt. Hingegen verpflichtet Abs. 2 den Auftraggeber, Mindestanforderungen für Nebenangebote zu nennen und anzugeben, in welcher Art und Weise sie einzureichen sind. Der Abs. 3 bestimmt, dass nur Varianten berücksichtigt werden, die die verlangten Mindestanforderungen erfüllen.[197]

Die Vorgaben der Baukoordinierungsrichtlinie sowie der Vergabekoordinierungsrichtlinie finden sich national in der VOB Teil A wieder.[198]

Die EU-Richtlinien sind nach Art. 249 EGV 2009 in nationales Recht umzuformen. Eine wesentliche Bestimmung ist dabei die Verordnung über die Vergabebestimmungen für öffentliche Aufträge („Vergabeverordnung", VgV), die selbst keine ausdrücklichen Regelungen zum Nebenangebot enthält, jedoch die wiederum auf die für Bauaufträge einschlägige VOB Teil A verweist.[199]

In der VOB sind Regelungen über das Nebenangebot nur im Teil A, Allgemeine Bestimmungen für die Vergabe von Bauleistungen, zu finden. Die Allgemeinen Vertragsbedingungen für die Ausführung von Bauleistungen in Teil B und die Allgemeinen Technischen Vertragsbedingungen für Bauleistungen in Teil C enthalten dagegen keine ausdrücklichen Bestimmungen zum Nebenangebot.

Der rechtliche Rahmen der Vergabeverfahren ist in diversen Gesetzen, Verordnungen und Abkommen geregelt, der sich zusammenfassend wie folgt darstellt:[200]

- EU-Vergaberichtlinien
- Das Gesetz gegen Wettbewerbsbeschränkungen (GBW)
- Das Haushaltsgrundgesetz (HGrG)
- Die Haushaltsordnung des Bundes, der Länder und Gemeinden (BHO, LHO)
- Die Vergabeverordnung (VgV)
- Die Verdingungsordnung für Leistungen (VOL)

---

[197] Vgl. EWG, Artikel 45
[198] Vgl. VOB Teil A 2012
[199] Vgl. EGV, Artikel 249
[200] Vgl. www.dtad.de, Formaler Ablauf eines Ausschreibungsverfahrens, DTAD, 10.07.2015

2.9 Rechtliche Grundlagen

- Die Vergabe- und Vertragsordnung für Bauleistungen (VOB)
- Die Verdingungsordnung für freiberufliche Leistungen (VOF)

2.9.1 Nationale Vergabeverfahren

Explizite Vorgaben für den Umgang mit Nebenangeboten für Ausschreibungen unterhalb des Schwellenwertes[201] finden sich in folgenden Basisparagraphen der VOB Teil A 2012:[202]

➢ § 8 Abs. 2 Nr. 3 – Vergabeunterlagen

„Der Auftraggeber hat anzugeben:

a) ob er Nebenangebote nicht zulässt,

b) ob er Nebenangebote ausnahmsweise nur in Verbindung mit einem Hauptangebot zulässt."

➢ § 12 Abs. 1 Nr. 2 – Bekanntmachung, Versand der Vergabeunterlagen

„Die Bekanntmachungen sollen folgende Angaben enthalten."

j) ggf. Angaben nach § 8 Abs. 2 Nr. 3 zur Zulässigkeit von Nebenangeboten,"

➢ § 13 Abs. 3 – Form und Inhalt der Angebote

„Die Anzahl von Nebenangeboten [...] aufzuführen. Etwaige Nebenangebote müssen auf besonderer Anlage gemacht und als solche deutlich gekennzeichnet werden."

➢ § 14 Abs. 3 Nr. 2 – Öffnung der Angebote, Eröffnungstermin

„[...] Es wird bekanntgeben, ob und von wem und in welcher Zahl Nebenangebote eingereicht sind [...]."

➢ § 14 Abs. 7 – Öffnung der Angebote, Eröffnungstermin

„[...] den Bietern sind nach Antragstellung die Namen der Bieter sowie die verlesenen und die nachgerechneten Endbeträge der Angebote sowie die Zahl ihrer Nebenangebote nach der rechnerischen Prüfung unverzüglich mitzuteilen. [...]."

➢ § 15 Abs. 1 Nr. 1 – Aufklärung des Angebotsinhaltes

„Bei Ausschreibungen darf der Auftraggeber nach Öffnung der Angebote bis zur Zuschlagserteilung von einem Bieter nur Aufklärung verlangen, [...] über etwaige Nebenangebote [...], zu unterrichten."

➢ § 15 Abs. 3 – Aufklärung des Angebotsinhaltes

---

[201] Vgl. EU-Verordnung Nr. 2015/2170, Schwellenwert für Bauleistung beträgt 5.225.000 EUR
[202] Vgl. VOB Teil A 2012, Abschnitt 1: Basisparagraphen

„[...] Verhandlungen, besonders über Änderungen der Angebote oder Preise, sind unstatthaft, außer wenn sie bei Nebenangeboten [...] nötig sind [...]."

➢ § 16 Abs. 1 Nr. 1 – Prüfung und Wertung der Angebote

„*Auszuschließen sind:*

e) [...] Nebenangebote, wenn der Auftraggeber in der Bekanntmachung oder in den Vergabeunterlagen erklärt hat, dass er diese nicht zulässt,

f) [...] Nebenangebote, die dem § 13 Abs. 3 Satz 2 nicht entsprechen, "

➢ § 16 Abs. 8 – Prüfung und Wertung der Angebote

„*Nebenangebote sind zu werten, es sei denn, der Auftraggeber hat sie in der Bekanntmachung oder in den Vergabeunterlagen nicht zugelassen.*"

Im Unterschwellenbereich besteht, anders als im Oberschwellenbereich, keine zwingende Reglementierung hinsichtlich der Angabe von Mindestanforderungen an Nebenangebote. Darüber hinaus gibt es auch keine verwaltungsgerichtlichen Möglichkeiten für Nachprüfverfahren. Ein Grund, Nebenangebote im Unterschwellenbereich nicht zuzulassen, besteht somit hinsichtlich dieser Risikoabgrenzung für die Vergabestelle nicht.[203]

Der Vergabeprozess sollte daher von den Auftraggebern offen für innovative Nebenangebote geführt werden und möglichst keine, respektive wenige Reglementierungen enthalten.

2.9.2 Europäische Vergabeverfahren

Für Vergabeverfahren oberhalb des Schwellenwertes[204] gilt der Abschnitt 2 der VOB Teil A 2012, in dessen Anwendungsbereich sich folgende Bestimmungen zum Nebenangebot finden lassen:[205]

➢ § 8 EG Abs. 2 Nr. 3 – Vergabeunterlagen

„*Hat der Auftraggeber in der Bekanntmachung Nebenangebote zugelassen, hat er anzugeben,*

a) ob er Nebenangebote ausnahmsweise nur in Verbindung mit einem Hauptangebot zulässt,

b) die Mindestanforderungen an Nebenangebote.

---

[203] Vgl. www.ibr-online.de, 04.02.2015
[204] Vgl. EU-Verordnung Nr. 2015/2170, Schwellenwert für Bauleistung beträgt 5.225.000 EUR
[205] Vgl. VOB Teil A 2012, Abschnitt 2

2.9 Rechtliche Grundlagen

Von Bietern, die eine Leistung anbieten, deren Ausführung nicht in Allgemeinen Technischen Vertragsbedingungen oder in den Vergabeunterlagen geregelt ist, sind im Angebot entsprechende Angaben über Ausführung und Beschaffenheit dieser Leistung zu verlangen."

➢ § 13 EG Abs. 3 – Form und Inhalt der Angebot

„Die Anzahl von Nebenangeboten ist an einer vom Auftraggeber in den Vergabeunterlagen bezeichneten Stelle aufzuführen. Etwaige Nebenangebote müssen auf besonderer Anlage gemacht und als solche deutlich gekennzeichnet werden."

➢ § 14 EG Abs. 3 Nr. 2 – Öffnung der Angebote, Eröffnungstermin

"[...] Es wird bekannt gegeben, ob und von wem und in welcher Zahl Nebenangebote eingereicht sind. [...]"

➢ § 15 EG Abs. 1 Nr. 1 – Aufklärung des Angebotsinhalts

"[...] darf der Auftraggeber [...] von einem Bieter nur Aufklärung verlangen, um sich über ..., etwaige Nebenangebote, [...] zu unterrichten."

➢ § 15 EG Abs. 3 – Aufklärung des Angebotsinhalts

„Verhandlungen [...] sind unstatthaft, außer wenn sie bei Nebenangeboten [...] nötig sind, um unumgängliche technische Änderungen geringen Umfangs und daraus sich ergebende Änderungen der Preise zu vereinbaren."

➢ § 16 EG Abs. 1 Nr. 1 – Prüfung und Wertung der Angebote

„Auszuschließen sind:

e) nicht zugelassene Nebenangebote, sowie Nebenangebote, die den Mindestanforderungen nicht entsprechen,

f) Nebenangebote, die dem § 13 EG Abs. 3 Satz 2 nicht entsprechen."

Wenn im Vergabeverfahren der Preis alleiniges Zuschlagskriterium ist, dürfen Nebenangebote grundsätzlich nicht zugelassen werden.[206] Das BGH-Urteil soll dazu dienen, allein beim Preis vorteilhafte, in der Qualität aber schlechtere Nebenangebote aus dem Verfahren herauszuhalten. Das sei allein durch die Nennung von Mindestanforderungen oder eine Gleichwertigkeitsprüfung nicht gewährleistet.[207]

---

[206] Vgl. Urteil des BGH vom 07.01.2014 / X ZB 15/13, „Keine Nebenangebote, wenn Preis allein entscheidet."
[207] Vgl. VOB-Aktuell

Hat ein Bieter den Einwand der Unzulässigkeit von Nebenangeboten im rein vom Preis bestimmten Wettbewerb, sollte er sicherheitshalber bis zum Ablauf der Angebotsfrist bei der Vergabestelle ordnungsgemäß rügen.[208]

Vor allem das Urteil „Traunfellner" des EuGH hatte über mehrere Jahre hinweg zu Verunsicherungen bei den Vergabestellen hinsichtlich der Vorgabe von Mindestanforderungen für Nebenangebote geführt. Aktuell kann man feststellen, dass sich die Lage weitestgehend beruhigt hat. Allerdings werden wohl auch weiterhin Nebenangebote die Hauptursache für Nachprüfverfahren im Vergabeprozess für Bauleistungen sein.[209]

In der Praxis zeigt sich leider immer häufiger, dass öffentliche Vergabestellen im Oberschwellenbereich zwischen den meist monetären Vorteilen von Nebenangeboten und den Verzögerungen von Nachprüfverfahren abwägen. Vielfach geschieht das zu Ungunsten des Nebenangebotes, das heißt, Nebenangebote werden dann strikt nicht zugelassen. Infolge der teilweisen Nichtzulassung von Nebenangeboten reglementiert die öffentliche Hand jedoch nicht nur den Wettbewerb, sondern entzieht innovativen und wirtschaftlichen Nebenangeboten vorsätzlich die Chance zur Abgabe oder Wertung. Es bleibt interessant, abzuwarten, was hierzu die Rechnungshöfe sagen werden, da insofern die Möglichkeiten weitergehender Kosteneinsparungen und höherer Risikotragung des Bieters „verschenkt" werden. Diese stetige Entwicklung ist von volkswirtschaftlicher Bedeutung und bedarf daher einer besonderen Betrachtung. Aktuell ist die Thematik bisher wenig untersucht worden. Deshalb ist sie ein Schwerpunkt der folgenden Datenerhebung und Datenanalyse.

---

[208] Vgl. ibr-online.de, 25.04.2015
[209] Vgl. Wanninger, Haben Nebenangebote noch Zukunft?

3 Empirische Datenerhebung

Ein wesentlicher Schwerpunkt der vorliegenden Arbeit ist die empirische Datenerhebung zur Gewinnung aktueller Daten zum Forschungsthema. In diesem Kapitel sollen anhand der Datenerhebung spezifizierte Fragestellungen, Aussagen und Hypothesen aus den zuvor theoretisch diskutierten Themen überprüft und nachgewiesen werden. Im Vordergrund der Untersuchungen steht dabei die Bedeutung des Nebenangebotes im förmlichen Vergabeverfahren sowohl aus Sicht der Auftraggeber[210] als auch der Auftragnehmer.[211] Interessant ist, zu erfahren, welche unterschiedlichen Betrachtungsweisen, aber auch gemeinsamen Ziele beide am Vergabeverfahren beteiligten Parteien haben und wie sich die Parteien vor dem Hintergrund z. T. abweichender Interessenslagen gegenseitig einschätzen. Darüber hinaus sollen aus den aktuellen Daten Ergebnisse gewonnen und Tendenzen abgeleitet werden. Die Datenerhebung soll im Weiteren Aussagen generieren, die zur Reformierung des Vergabewesens beitragen könnten.

Als integraler Bestandteil der Empirie wurde der direkte Feldversuch zur methodischen Sammlung und Auswertung von Daten angewandt. Dabei wurden Daten aus veröffentlichten Submissionsergebnissen und Vergabeentscheidungen sowie durch schriftliche (Fragebögen) und mündliche Befragungen methodisch gewonnen (vgl. Abbildung 16).

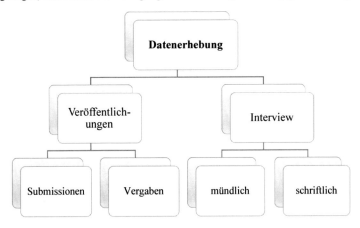

Abbildung 16: Methodik der Datenerhebung

---

[210] Vergabestelle
[211] Bieter

Zur Schaffung von konstanten Untersuchungsbedingungen bei den Befragungen wurden eigens konzipierte einheitliche Fragebögen[212], sowohl für die Auftraggerberseite als auch die Bieterseite, eingesetzt.

Um eine breite Untersuchungsbasis zu generieren, wurde die Erhebung überregional in der Bundesrepublik Deutschland durchgeführt. Bei der Befragung konnte ein Mix sowohl aus kleineren als auch größeren Teilnehmereinheiten zur Mitarbeit gewonnen werden. Die Auswahl der untersuchten Bundesländer und Befragten erfolgte zufällig und bestimmte sich nach dem Vorliegen geeigneter und auswertbarer Daten.

3.1 Datenerhebung aus Submissionsergebnissen und Vergabeveröffentlichungen

Ausgehend von einer Studie des Bundesamtes für Bauwesen und Raumordnung[213] (vgl. Kapitel 2.5) aus dem Jahr 2008 gibt es im Spartenvergleich eine hohe Zulassungsquote für Nebenangebote im Bereich des Tief-, Straßen- und Ingenieurbaus, die zum Teil den doppelten ja bis zu vierfachen Wert gegenüber Hochbauausschreibungen ausweist. Daher fokussiert sich die Datenerhebung vornehmlich auf diese Sparten der Bauwirtschaft, um ein abgegrenztes und verwertbares, respektive auswertbares Datenvolumen zu generieren. Darüber hinaus unterliegt der Bereich des Tief-, Straßen- und Ingenieurbaus originär dem förmlichen Vergabeverfahren und kann daher rechtssicher analysiert und bewertet werden. Ein weiterer Vorteil ergibt sich daraus, dass die öffentlichen Auftraggeber im Sinne des Transparenzgebotes angehalten sind, den Vergabeprozess öffentlich zu führen und somit gern auf die zur Verfügung stehenden Vergabe- und Veröffentlichungsplattformen zurückgreifen. Die Vergabeplattformen sind wiederum angehalten, einen möglichst vollumfassenden Datenpool zu publizieren, um selbst im Wettbewerb bestehen zu können. Diese Symbiose gewährleistet daher einen vielversprechenden und belastbaren Datensatz für die vorliegende Arbeit.

3.1.1 Grundlagen der Datenanalyse

Viele Vergabestellen und Bauunternehmen in Deutschland benutzen im Rahmen ihrer Ausschreibung oder Auftragsbeschaffung so genannte Vergabeplattformen. Früher basierte diese Kommunikationsform vornehmlich auf regional und überregional vertriebenen Zeitschriften. Im Zeitalter der globalen Digitalisierung verschob sich dieser Prozess zunehmend in den Internetbereich (so genannte E-Vergabe). Bereits jetzt führen vor allem größere Vergabestellen (z. B. Deutsche Bahn) ihren Beschaffungsprozess fast nur noch

---

[212] Vgl. Anlagen 3 und 4
[213] Vgl. BBR-Online-Publikation, Nr. 14/2008, Sind Nebenangebote innovativ?, S. 10

in digitaler Form aus. Die von der Bundesregierung angekündigte Reformierung des Vergabewesens soll diesem Prozess ebenfalls Rechnung tragen.[214]

Die im Folgenden aufgeführten und ausgewerteten Daten basieren auf den veröffentlichten Ergebnissen von Ausschreibungen, Submissionen und Vergabemeldungen, die durch den Informations- und Servicedienst für die Bauwirtschaft, InfoBau Münster GmbH, wöchentlich bekanntgegeben worden sind. Die InfoBau ist ein Unternehmen, das Informationen für die Bauwirtschaft recherchiert und publiziert. Sie ermittelt vor allem im Bereich öffentlich ausgeschriebener Bauvorhaben und ist dort insbesondere auf Maßnahmen des Tief-, Straßen-, Ingenieur- sowie Garten- und Landschaftsbaus fokussiert.[215]

Die nicht in der InfoBau veröffentlichten Informationen von öffentlichen Auftraggebern über Ausschreibungen, Submissionsergebnisse und Vergabemeldungen werden demnach in den folgenden Abschnitten nicht berücksichtigt.

Zur Bearbeitung und Auswertung wurden Ergebnisse von Submissionen und Vergabemeldungen aus den Bundesländern Sachsen, Sachsen-Anhalt, Bayern und der Stadt Hamburg für das Jahr 2013 in digitaler Form übermittelt. Zusätzlich lagen die wöchentlichen Regionalausgaben E (Berlin, Mecklenburg-Vorpommern, Brandenburg, Sachsen-Anhalt) und Regionalausgabe F (Sachsen, Thüringen) der InfoBau für den Tief-, Straßen-, Ingenieur- und Brücken- sowie Garten- und Landschaftsbau für das Jahr 2013 in Papierform vor.

Für die vorliegenden Submissionsergebnisse in digitaler Form für Sachsen, Sachsen-Anhalt, Bayern und Hamburg war es nicht möglich, die gesamten Ausschreibungen respektive Ausschreibungstexte zu erhalten. Im Ergebnis dessen ist keine Aussage darüber möglich, bei wie vielen Ausschreibungen Nebenangebote nicht zugelassen waren. Für die folgenden statistischen Auswertungen wurde daher angenommen, dass Nebenangebote bei den Ausschreibungen, bei denen Nebenangebote eingereicht wurden, diese auch zugelassen waren.

Vergabeverfahren, bei denen keine Nebenangebote abgegeben wurden, konnten nicht weitergehend ausgewertet werden, da hierzu keine Daten vorlagen. Bei diesen Verfahren ist nicht festzustellen, welche Gründe zur Nichtabgabe von Nebenangeboten führten oder ob im jeweiligen Vergabeverfahren Nebenangebote überhaupt zugelassen waren.

Die übermittelten Daten zu den Submissionsergebnissen beinhalteten die jeweilige Objektnummer, das Submissionsdatum, die ausschreibende Stelle, die Baumaßnahme, die Postleitzahl des Bauortes, den Baubeginn, die Sparte, die Position des jeweiligen Bieters, den erreichten Prozentsatz im Verhältnis zum erstplatzierten Bieter, die Information über

---

[214] Inkrafttreten zum 18.04.2016 angekündigt
[215] Vgl. www.infobau-muenster.de, 10.10.2013

3.1 Datenerhebung aus Submissionsergebnissen und Vergabeveröffentlichungen

eine Bietergemeinschaft, den Bieter sowie Bemerkungen und Anmerkungen, über eingereichte Nebenangebote, aufgehobene Ausschreibungen und eingeräumte Nachlässe.

Die Übersicht über die Vergabemeldungen enthielt Informationen über die Objektnummer, das Bauobjekt, die Postleitzahl des Bauortes, das Land, den Baubeginn, die Sparte, die Bausumme, die Identifikationsnummer des Bieters, den Bieter, die Postleitzahl des Bieters, den Ort des Bieters, die ausschreibende Stelle und das Ingenieurbüro, welches die Planungsleistungen durchführt.

Aufgrund des erheblichen Umfanges der Datenmenge werden in den Anlagen 1 und 2 beispielhaft Auszüge der Tabellen für den Freistaat Sachsen dargestellt.

3.1.2 Regionale Darstellungen und Interpretationen der Daten

Die folgenden Abbildungen und Beschreibungen generieren sich aus der durchgeführten Datenerhebung und werden zuerst bundeslandbezogen, später zusammenfassend und vergleichend dargestellt.

3.1.2.1 Freistaat Sachsen

Im Freistaat Sachsen wurden im Jahr 2013 insgesamt 2.642 Submissionen mit einem Vergabevolumen von insgesamt 1.182 Mio. EUR im Bereich des Tief-, Straßen-, Ingenieur- sowie Garten- und Landschaftsbau von öffentlichen Auftraggebern durchgeführt. Bei 1.248 Ausschreibungen wurden Nebenangebote (NA) von den Bietern eingereicht, so dass sich die ausschreibenden Stellen bei ca. 47 % der Vergabevorgänge mit Nebenangeboten auseinandersetzen mussten (vgl. Abbildung 17).

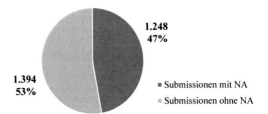

Abbildung 17: Submissionen in Sachsen

Im Vergleich dazu wurde ermittelt, wie hoch die Quote der eingereichten Nebenangebote bezogen auf die Angebotssumme ist. Die Vergabeverfahren, bei denen Nebenangebote eingereicht wurden, umfassten ein Vergabevolumen von insgesamt 638 Mio. EUR. Diese Quote in Höhe von 54 % ist damit größer als der Anteil der eingereichten Nebenangebote, bezogen auf die Gesamtanzahl der durchgeführten Submissionen. In Relation zur Bausumme stellte sich die Verteilung wie folgt dar (vgl. Abbildung 18):

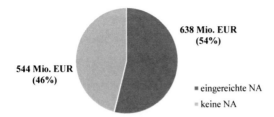

Abbildung 18: Verteilung der Nebenangebote, bezogen auf das Vergabevolumen in Sachsen

Aus den Daten geht hervor, dass bei den Baumaßnahmen in Sachsen pro durchgeführtem Verfahren durchschnittlich 8 Angebote abgegeben wurden. Die Quote der abgegebenen Nebenangebote, bezogen auf die Gesamtanzahl der Angebote, beträgt 23 %. Unter Berücksichtigung, dass bei 53 % der Ausschreibungen keine Nebenangebote eingereicht wurden, ergibt sich für die Verfahren mit abgegebenen Nebenangeboten eine Quote von ca. 4 Nebenangeboten je Verfahren (vgl. Tabelle 1).

Tabelle 1: Ausschreibungen und Angebote in Sachsen

alle Ausschreibungen	2.642	
alle Angebote	21.820	100 %
alle Nebenangebote	5.088	23 %

Die Aufteilung der Submissionen, bei denen Nebenangebote eingereicht wurden und bei denen keine abgegeben wurden, ist in den Abbildungen 19 und 20 für Verfahren oberhalb und unterhalb der Schwellenwerte dargestellt.

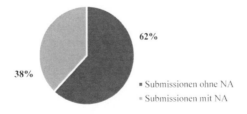

Abbildung 19: Europäische Ausschreibungen in Sachsen

3.1 Datenerhebung aus Submissionsergebnissen und Vergabeveröffentlichungen

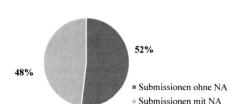

Abbildung 20: Nationale Ausschreibungen in Sachsen

Der Anteil der eingereichten Nebenangebote aller durchgeführten Submissionen liegt unterhalb des Schwellenwertes bei 91 % und über dem Schwellenwert bei 9 %. (vgl. Abbildung 21).

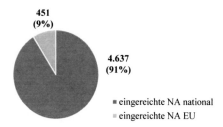

Abbildung 21: Eingereichte Nebenangebote in Sachsen

Die zur Verfügung gestellten Daten geben auch darüber Aufschluss, in welcher Anzahl sich in Sachsen Bauunternehmen an Ausschreibungen beteiligt haben. Demnach hatten 16.632 Bieter für die insgesamt 2.642 durchgeführten Ausschreibungen in Sachsen Angebote abgegeben. Nur 2.656 Bieter davon haben ein oder mehrere Nebenangebote abgegeben. Somit haben nur ca. 16 % der Bieter im Freistaat Sachsen die Möglichkeit zur Abgabe eines Nebenangebotes genutzt (vgl. Abbildung 22).

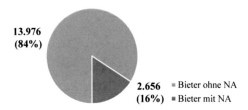

Abbildung 22: Bieter in Sachsen

Die Abbildung 23 zeigt die Verteilung der Nebenangebote, bezogen auf die Angebotssumme. Beschrieben wurden Vergabeverfahren mit Angebotssummen von 8.000,00 EUR bis 25.000.000,00 EUR.

Die Tatsache, dass die Erstellung von Nebenangeboten zunächst einen Mehraufwand bedeutet, aus dem der Bieter sich wirtschaftliche Vorteile erhofft, die jedoch nicht garantiert sind, lässt vermuten, dass bei hohen Vergabevolumen die Bereitschaft zur Erstellung von Nebenangeboten größer ist. Abbildung 23 zeigt, dass bei größeren Vergabepaketen vermehrt Nebenangebote abgegeben werden. Bei einer Angebotssumme von ca. 4 Mio. EUR wurden z. B. über 70 Nebenangebote von den Bietern erarbeitet. Dies wird ebenfalls im Vergleich zwischen der absoluten Nebenangebotsquote (vgl. Abbildung 18) und der Quote, bezogen auf die Angebotssumme, bestätigt.

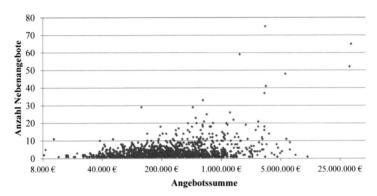

Abbildung 23: Anzahl der Nebenangebote in Sachsen bezogen auf die jeweilige Angebotssumme

3.1.2.2 Sachsen-Anhalt

Aus den übermittelten Daten der InfoBau ergaben sich insgesamt für den Bereich Tiefbau in Sachsen-Anhalt im Jahr 2013 1.455 durchgeführte Submissionen mit einem Gesamtvolumen von 666 Mio. EUR. Abbildung 24 zeigt, dass von den insgesamt 1455 Submissionen 663 (46 %)Verfahren unter Abgabe von Nebenangeboten teilnehmender Bieter erfolgten.

3.1 Datenerhebung aus Submissionsergebnissen und Vergabeveröffentlichungen

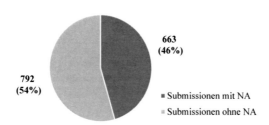

Abbildung 24: Submissionen in Sachsen-Anhalt

Im Durchschnitt wurden mindestens 8 Angebote pro Ausschreibung eingereicht. Unter Berücksichtigung, dass bei 54 % der Ausschreibungen keine Nebenangebote eingereicht wurden, ergibt sich für die Verfahren mit abgegebenen Nebenangeboten eine Quote von ca. 5 Nebenangeboten je Verfahren. Die Quote der Nebenangebote, bezogen auf die Gesamtanzahl der Angebote, beträgt 28,8 % (vgl. Tabelle 2).

Tabelle 2: Ausschreibungen und Angebote in Sachsen-Anhalt

alle Ausschreibungen	1.455	
alle Angebote	12.059	100 %
alle Nebenangebote	3.467	28,8 %

Die Vergabeverfahren, bei denen Nebenangebote eingereicht wurden, umfassten ein Vergabevolumen von insgesamt 419 Mio. EUR. Die Quote der Submissionen, bei denen Nebenangebote vorlagen, bezogen auf die Angebotssumme, beträgt somit 63 % und ist damit größer als der Anteil der eingereichten Nebenangebote (46 %), bezogen auf die Gesamtanzahl der durchgeführten Submissionen. Die Verteilung der Nebenangebote, bezogen auf das Vergabevolumen, ist in Abbildung 25 dargestellt.

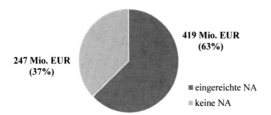

Abbildung 25: Verteilung der Nebenangebote, bezogen auf das Vergabevolumen in Sachsen-Anhalt

Die Gesamtanzahl der Bieter, die in Sachsen-Anhalt 2013 an Ausschreibungen teilgenommen haben, betrug 8.592. Davon haben 1.508 Bieter (entspricht ca. 18 % der Gesamtanzahl der Bieter) ein oder mehrere Nebenangebote bei der Ausschreibungsstelle abgegeben. Die Aufteilung ist in der Abbildung 26 dargestellt.

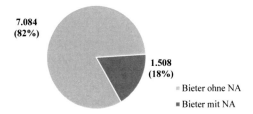

Abbildung 26: Bieter in Sachsen-Anhalt

Eine Übersicht über die insgesamt 3.467 abgegebenen Nebenangebote in Sachsen-Anhalt, bezogen auf die Angebotssumme, ist in der Abbildung 27 dargestellt. Die Abbildung 27 umfasst Ausschreibungen über Angebotssummen von 11.000 EUR bis 27.000.000 EUR. Die Abbildung 27 bestätigt tendenziell das Ergebnis der Abbildung 23, wonach bei Ausschreibungen mit einem hohen Auftragswert die Anzahl der abgegebenen Nebenangebote steigen.

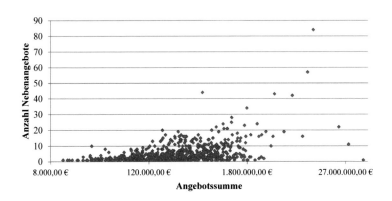

Abbildung 27: Anzahl der Nebenangebote in Sachsen-Anhalt, bezogen auf die jeweilige Angebotssumme

3.1 Datenerhebung aus Submissionsergebnissen und Vergabeveröffentlichungen

3.1.2.3 Freistaat Bayern

Anhand der übermittelten Daten für Submissionen und Ausschreibungen wurde festgestellt, dass im Freistaat Bayern im Jahr 2013 insgesamt 4.467 Submissionen mit einem Vergabevolumen von insgesamt 3.518 Mio. EUR im Bereich Tief-, Straßen-, Ingenieur- sowie Garten- und Landschaftsbau durchgeführt wurden. Der Anteil der Submissionen, bei denen Nebenangebote eingereicht wurden, beträgt 1.206, also nur 27 %. Die Aufteilung ist in der Abbildung 28 dargestellt.

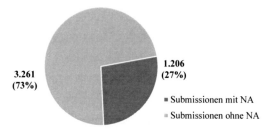

Abbildung 28: Submissionen in Bayern

Aus den Daten geht hervor, dass bei den Baumaßnahmen im Freistaat Bayern pro durchgeführtem Verfahren durchschnittlich mindestens 7 Angebote abgegeben wurden. Die durchschnittliche Anzahl der abgegebenen Nebenangebote pro Ausschreibung beträgt nicht einmal 1. Bezogen auf die Vergabeverfahren, bei denen Nebenangebote eingereicht worden sind, beträgt der Anteil der Nebenangebote pro Verfahren ca. 3. Die Quote der abgegebenen Nebenangebote, bezogen auf die Gesamtanzahl der Angebote, beträgt 13,6 % (vgl. Tabelle 3).

Tabelle 3: Ausschreibungen und Angebote im Freistaat Bayern

alle Ausschreibungen	4.467	
alle Angebote	31.752	100 %
alle Nebenangebote	4.311	13,6 %

Im Vergleich zur Verteilung der Nebenangebote im Zusammenhang mit den Vergabeverfahren wurde ermittelt, wie hoch die Quote an Submissionen, bei denen Nebenangebote vorlagen, bezogen auf die Angebotssumme, ist (vgl. Abbildung 29).

3 Empirische Datenerhebung

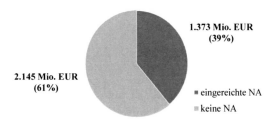

Abbildung 29: Verteilung der Nebenangebote, bezogen auf das Vergabevolumen in Bayern

Die Vergabeverfahren, bei denen Nebenangebote eingereicht wurden, umfassten ein Vergabevolumen von insgesamt 1.373 Mio. EUR. Damit beträgt diese Quote 39 % und ist größer als der Anteil der eingereichten Nebenangebote, bezogen auf die Gesamtanzahl der durchgeführten Submissionen. In Relation zur Angebotssumme stellte sich die Verteilung wie folgt dar: Die Gesamtanzahl der Bieter, die sich in Bayern an Ausschreibungen im Bereich des Tiefbaus beteiligt haben, beträgt im Jahr 2013 27.441. Nur 8 % von der Gesamtanzahl der Bieter, d. h. 2.295 haben Nebenangebote erarbeitet und abgegeben. Der geringere Anteil von Nebenangeboten im Vergleich zu den beiden vorangegangenen neuen Bundesländern kann zweierlei Ursachen haben, die jedoch miteinander im Zusammenhang stehen. Zum einen verringert eine hohe Anzahl an Vergabeverfahren die Motivation des Bieters, Nebenangebote zu erstellen. Zum anderen kann eine regional solidere wirtschaftliche Gesamtsituation dem Mehraufwand zur Erstellung eines Nebenangebotes entgegenstehen (vgl. Abbildung 30).

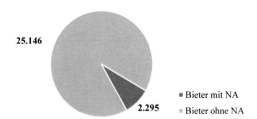

Abbildung 30: Bieter in Bayern

Abbildung 31 stellt die Anzahl der abgegebenen Nebenangebote den jeweiligen Angebotssummen der einzelnen Vergaben im Freistaat Bayern im Bereich Tiefbau gegenüber. Beschrieben wurden Ausschreibungsverfahren im Umfang von 13.000 EUR bis ca. 100.000.000 EUR. Bemerkenswert ist die sehr hohe Anzahl von 180 Nebenangeboten, die bei einer Submission mit einer Angebotssumme von über 100 Mio. EUR abgegeben wurden.

3.1 Datenerhebung aus Submissionsergebnissen und Vergabeveröffentlichungen

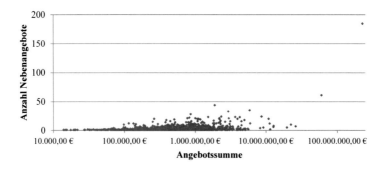

Abbildung 31: Anzahl der Nebenangebote in Bayern, bezogen auf die jeweilige Angebotssumme

3.1.2.4 Freie und Hansestadt Hamburg

In der Freien und Hansestadt Hamburg wurden im Haushaltsjahr 2013 insgesamt 198 Submissionen mit einem Vergabevolumen von insgesamt 330 Mio. EUR im Bereich des Tief-, Straßen-, Ingenieur- sowie Garten- und Landschaftsbaus von öffentlichen Auftraggebern durchgeführt. Bei 92 Ausschreibungen wurden Nebenangebote von den Bietern eingereicht, so dass sich die ausschreibenden Stellen bei ca. 46 % der Vergabevorgänge mit Nebenangeboten befasst haben (vgl. Abbildung 32).

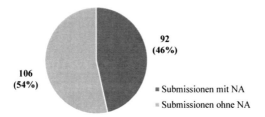

Abbildung 32: Submissionen in Hamburg

Diese 92 Ausschreibungen umfassten ein Vergabevolumen von 246 Mio. EUR (vgl. Abbildung 33). Die Vergabeverfahren ohne abgegebene Nebenangebote bezifferten sich hingegen auf ein Vergabevolumen von 84 Mio. EUR, welches damit deutlich niedriger ist.

3 Empirische Datenerhebung

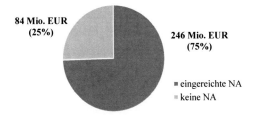

Abbildung 33: Verteilung der Nebenangebote, bezogen auf das Vergabevolumen in Hamburg

Aus den Daten geht hervor, dass bei den Baumaßnahmen in Hamburg pro durchgeführtem Verfahren durchschnittlich 9 Angebote abgegeben wurden. Die Quote der abgegebenen Nebenangebote, bezogen auf die Gesamtanzahl der Angebote, beträgt 30,4 %. Unter Berücksichtigung, dass bei 54 % der Ausschreibungen keine Nebenangebote eingereicht wurden, ergibt sich für die Verfahren mit abgegebenen Nebenangeboten eine Quote von ca. 6 Nebenangeboten je Verfahren (vgl. Tabelle 4).

Tabelle 4: Ausschreibungen und Angebote in Hamburg

alle Ausschreibungen	198	
alle Angebote	1.875	100 %
alle Nebenangebote	570	30,4 %

1.305 Bieter haben für die insgesamt 198 durchgeführten Ausschreibungen in Hamburg Angebote abgegeben und wurden bei der Wertung berücksichtigt. Nur 200 Bieter davon haben ein oder mehrere Nebenangebote abgegeben. Somit wurden nur von ca. 15 % der Bieter in Hamburg die Möglichkeit zur Abgabe eines Nebenangebotes genutzt (vgl. Abbildung 34).

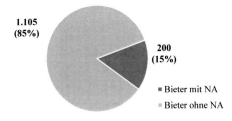

Abbildung 34: Bieter in Hamburg

3.1 Datenerhebung aus Submissionsergebnissen und Vergabeveröffentlichungen

Abbildung 35 zeigt die Verteilung der Nebenangebote, bezogen auf die Angebotssumme. Die Übersicht umfasst Ausschreibungsverfahren mit Angebotssummen von 60.000 EUR bis ca. 62.000.000 EUR. Auffällig ist hier, dass nur 3 Nebenangebote bei einer Angebotssumme von über 60.000.000 EUR angegeben wurden.

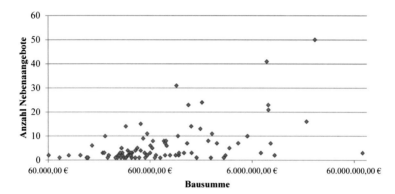

Abbildung 35: Anzahl der Nebenangebote in Hamburg, bezogen auf die jeweilige Angebotssumme

3.1.3 Zusammenfassende und vergleichende Darstellungen

Eine Gesamtübersicht der Submissionen in absoluten Zahlen für die 3 Bundesländer und die Freie und Hansestadt Hamburg ist aufgeteilt nach solchen mit und ohne Nebenangeboten in der Abbildung 36 dargestellt. Auffällig ist hierbei der vergleichsweise hohe Anteil an Submissionen ohne die Abgabe von Nebenangeboten im Freistaat Bayern. Dies könnte ein Indiz auf den rezessiven Umgang mit Nebenangeboten oder die gute Auftragslage der Bauunternehmen in Bayern sein.

3 Empirische Datenerhebung

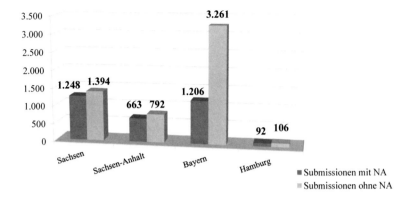

Abbildung 36: Gesamtübersicht der Submissionen in Sachsen, Sachsen-Anhalt, Bayern und Hamburg

Abbildung 37 zeigt die Anteile der durchgeführten Submissionen ohne Nebenangebote sowie die Anteile der Submissionen mit Nebenangeboten in Prozenten. Auffällig ist, dass im Freistaat Bayern nur bei 27 % aller Submissionen Nebenangebote unterbreitet wurden. Diese Quote lag in den übrigen Bundesländern bei ca. 46 % und damit deutlich darüber.

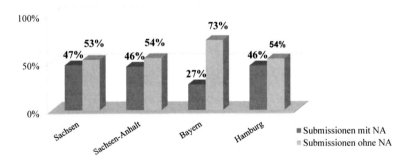

Abbildung 37: Anteil der Submissionen mit Nebenangeboten in Sachsen, Sachsen-Anhalt, Bayern und Hamburg

Der Unterschied zwischen alten und neuen Bundesländern, der im Rahmen der Auswertung der Daten für den Freistaat Bayern interpretierbar war, kann durch die Datenlage der Freien und Hansestadt Hamburg nicht bestätigt werden. Hier beträgt der Anteil der Submissionen 46 % (vgl. Abbildung 37) und ist gleich gelagert mit dem Anteil im Freistaat

3.1 Datenerhebung aus Submissionsergebnissen und Vergabeveröffentlichungen

Sachsen und dem Anteil in Sachsen-Anhalt. Bezogen auf das Vergabevolumen ist die Quote in Hamburg mit 75 % sogar noch höher, als die in den neuen Bundesländern (vgl. Abbildung 38).

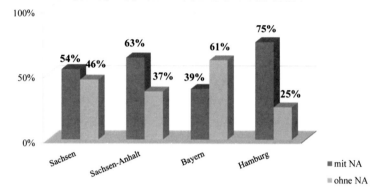

Abbildung 38: Verteilung der Nebenangebote, bezogen auf das Vergabevolumen in Sachsen, Sachsen-Anhalt, Bayern und Hamburg

Die von der InfoBau zur Verfügung gestellten Daten geben darüber Aufschluss, inwieweit sich in den vier Bundesländern Bauunternehmen an Ausschreibungen beteiligt und Nebenangebote abgegeben haben. Aus den Daten geht hervor, dass bei den Baumaßnahmen pro durchgeführtem Verfahren durchschnittlich mindestens 7 Angebote abgegeben wurden. Die Quote der abgegebenen Nebenangebote, bezogen auf die Gesamtanzahl der Angebote, beträgt 19,9 %. Unter Berücksichtigung, dass bei 63 % der Ausschreibungen keine Nebenangebote eingereicht wurden, ergibt sich für die Verfahren mit abgegebenen Nebenangeboten eine Quote von ca. 5 Nebenangeboten je Verfahren (vgl. Tabelle 5).

Tabelle 5: Ausschreibungen und Angebote in Sachsen, Sachsen-Anhalt, Bayern und Hamburg

alle Ausschreibungen	8.762	
alle Angebote	67.506	100 %
alle Nebenangebote	13.436	19,9 %

Für die Hansestadt Hamburg kann festgestellt werden, dass Nebenangebote von Seiten der Bieter in ausreichender Zahl eingereicht wurden. Im Vergleich dazu fällt die geringe Anzahl von Nebenangeboten im Freistaat Bayern auf. Für die neuen Bundesländer Freistaat Sachsen und Sachsen-Anhalt sind die Anteile der Hauptangebote und Nebenangebote ähnlich gleich gelagert (vgl. Abbildungen 39 und 40).

3 Empirische Datenerhebung

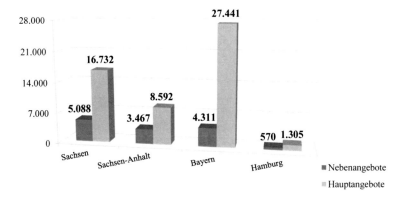

Abbildung 39: Anzahl der Haupt- und Nebenangebote in Sachsen, Sachsen-Anhalt, Bayern und Hamburg

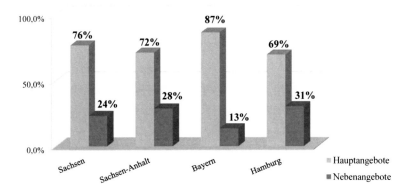

Abbildung 40: Anteile der Haupt- und Nebenangebote in Sachsen, Sachsen-Anhalt, Bayern und Hamburg

Bei der Gesamtanzahl von 6.551 teilnehmenden Bietern an den Ausschreibungsverfahren, die Nebenangebote vorgelegt haben, beträgt die Anzahl der gesamten eingereichten Nebenangebote 13.436. Das bedeutet, dass ein Bieter im Durchschnitt ca. 2 Nebenangebote abgibt. Es ist ersichtlich, dass die Bieter, die von der Option zur Abgabe eines Nebenangebotes Gebrauch machen, dies auch eindrücklich nutzen und nicht nur ein, sondern mehrere Nebenangebote einreichen, um die Möglichkeit der Zuschlagserteilung und damit eines Bauvertragsabschlusses zu erhöhen.

3.1 Datenerhebung aus Submissionsergebnissen und Vergabeveröffentlichungen

Zielstellung der Arbeit war, anhand der Datenanalyse Erkenntnisse über die Platzierung der Bieter bei der Submission zu erhalten. Leider war anhand der vorliegenden Daten der Submissionsergebnisse sowie der Vergabemeldungen nicht ermittelbar, ob ein erstplatzierter Bieter, der zusätzlich ein oder mehrere Nebenangebote abgegeben hat, den Zuschlag auf sein Haupt- oder Nebenangebot erhielt.

Abbildung 41 zeigt eine Gesamtübersicht der Bieter in den beteiligten Bundesländern Sachsen, Sachsen-Anhalt Bayern und Hamburg, wobei eine Spezifikation hinsichtlich der Bieter mit und ohne abgegebene Nebenangebote erfolgt. In dieser Abbildung wird erneut das Ausnahmeverhalten der Bieter in Bauern deutlich. Warum die Bieter in Bayern deutlich weniger Nebenangebote als in den übrigen Bundesländern abgeben, bleibt fraglich. Das Bieterverhalten könnte jedoch Indiz für einen restriktiven Umgang der Vergabestellen mit Nebenangeboten in Bayern sein.

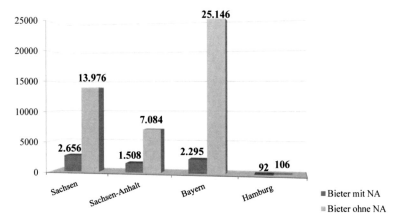

Abbildung 41: Gesamtübersicht der Bieter in Sachsen, Sachsen-Anhalt, Bayern und Hamburg

In Abbildung 42 ist der große Unterschied im Bieterverhalten zwischen dem Freistaat Bayern und der Hansestadt Hamburg ebenfalls auffallend. Während in Hamburg 46 % der Bieter Nebenangebote erstellt und eingereicht haben, beträgt der Anteil der Unternehmen in Bayern nur 8 %, die die Möglichkeit zur Abgabe eines oder mehrerer Nebenangebote genutzt haben.

3 Empirische Datenerhebung

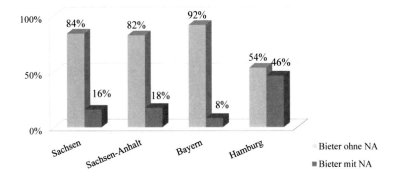

Abbildung 42: Anteil der Bieter mit Nebenangeboten in Sachsen, Sachsen-Anhalt, Bayern und Hamburg

3.1.4 Darstellung und Interpretation der Daten aus Vergabebekanntmachungen

Für die Bundesländer Sachsen und Sachsen-Anhalt lagen neben den Submissionsergebnissen auch Vergabebekanntmachungen vor, die im Folgenden in Bezug auf die Zulassung von Nebenangeboten analysiert werden.

In Sachsen-Anhalt wurden im Jahr 2013 1.665 Baumaßnahmen im Bereich des Tief-, Straßen-, Ingenieur- sowie Garten- und Landschaftsbaus ausgeschrieben und durch die InfoBau veröffentlicht. Bei 1.084 Ausschreibungen davon wurden Nebenangebote zugelassen. Bei 406 Ausschreibungen wurden keine Nebenangebote zugelassen und in 175 Vergabebekanntmachungen wurden keine Angaben zu Nebenangeboten getätigt. Die Ergebnisse sind in der Abbildung 43 dargestellt.

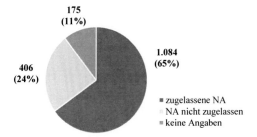

Abbildung 43: Ausschreibungen in Sachsen-Anhalt

3.1 Datenerhebung aus Submissionsergebnissen und Vergabeveröffentlichungen

Eine weitere Differenzierung erfolgt nach nationalen und europäischen Ausschreibungen (vgl. Abbildungen 44 und 45). Unter Berücksichtigung der aktuellen Rechtsprechung wurden die EU-weiten Ausschreibungen aus dem Jahr 2013, in denen Nebenangebote zugelassen waren, auf die Frage der „Wertungsfähigkeit" von Nebenangeboten hin analysiert. Dabei zeigte sich, dass bei 14 % der Ausschreibungsverfahren als alleiniges Zuschlagskriterium der niedrigste Preis und bei 20 % der Ausschreibungen oberhalb der Schwellenwerte keine Zuschlagskriterien benannt wurden. Nach der aktuellen Rechtslage[216] würde dies bedeuten, dass zwar bei 65 % der Ausschreibungen die Abgabe von Nebenangeboten zulässig war, aber bei nur noch 31 % der Verfahren hätten Nebenangebote durch die Vergabestelle überhaupt gewertet werden dürfen. Im nationalen Bereich wurden bei dem Großteil der Ausschreibungen (92,1 %) mit zugelassenen Nebenangeboten keine Einschränkungen, Beschränkungen oder Zuschlagskriterien angegeben. Bei 6,4 % der nationalen Ausschreibungen mit zugelassenen Nebenangeboten wurde gefordert, dass Nebenangebote nur in Verbindung mit einem Hauptangebot einzureichen sind. Darüber hinaus wurden Pauschalangebote bei 0,6 % untersagt und bei 0,9 % wurde die Nichtzulassung von Nebenangeboten auf bestimmte Bauweisen oder Teilleistungen des Leistungsverzeichnisses beschränkt.

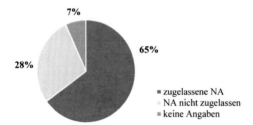

Abbildung 44: EU-Ausschreibungen in Sachsen-Anhalt

---

[216] Vgl. BGH-Urteil vom 07.01.2014, Az: XZB 15/13, „Keine Nebenangebote, wenn Preis allein entscheidet."

3 Empirische Datenerhebung

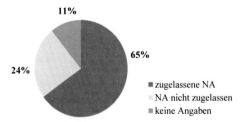

Abbildung 45: Nationale Ausschreibungen in Sachsen-Anhalt

Im Freistaat Sachsen wurden 2013 insgesamt 3.016 Bauleistungen ausgeschrieben und durch die InfoBau veröffentlicht. Davon wurden bei 2.007 Verfahren Nebenangebote zugelassen und bei 601 Verfahren waren keine Nebenangebote zugelassen. Im Rahmen der Vergabebekanntmachung wurden bei 408 Verfahren keine Angaben zum Thema Nebenangebote getätigt. Die Abbildung 46 zeigt die Verteilung der in den Ausschreibungstexten vorgenommen Angaben zu Nebenangeboten.

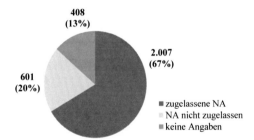

Abbildung 46: Ausschreibungen in Sachsen

Eine Unterscheidung der nach den vorgenannten Kriterien differenzierten Angaben zu den ausgeschriebenen Verfahren (zugelassene Nebenangebote, nicht zugelassene Nebenangebote und keine Angaben) erfolgt in Abbildung 47 nach Verfahren oberhalb und in Abbildung 48 unterhalb der Schwellenwerte.

3.1 Datenerhebung aus Submissionsergebnissen und Vergabeveröffentlichungen

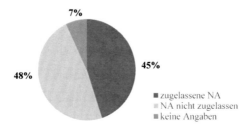

Abbildung 47: EU-Ausschreibungen in Sachsen

Die EU-Ausschreibungen in Sachsen, in denen Nebenangebote zugelassen waren, wurden unter Berücksichtigung der aktuellen Rechtsprechung[217] auf die Fragestellung der „Wertungsfähigkeit" von Nebenangeboten hin analysiert. Es zeigte sich ein ähnliches Ergebnis wie in Sachsen-Anhalt. Bei 12 % aller Ausschreibungen wurde als alleiniges Zuschlagskriterium der niedrigste Preis benannt. Bei 18 % der gesamten Verfahren oberhalb der Schwellenwerte wurden in der Vergabebekanntmachung weder Zuschlagskriterien benannt noch erläutert. Nach der heutigen Rechtslage würde dies bedeuten, dass zwar bei 45 % der Verfahren die Abgabe von Nebenangeboten zulässig war, aber bei nur 15 % aller Ausschreibungen hätten die Nebenangebote durch die Vergabestelle gewertet werden dürfen.

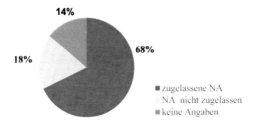

Abbildung 48: Nationale Ausschreibungen in Sachsen

Abbildung 49 zeigt die Verteilung der Ausschreibungen mit dem Zuschlagskriterium „niedrigster Preis" und mit keinen Angaben zu Zuschlagskriterien (ZK), bezogen auf alle EU-Verfahren im Vergleich Sachsen und Sachsen-Anhalt. Im Ergebnis waren in Sachsen-Anhalt mehr Verfahren mit wertungsfähigen Nebenangeboten zu verzeichnen.

---

[217] Vgl. BGH-Urteil vom 07.01.2014, Az: XZB 15/13, „Keine Nebenangebote, wenn Preis allein entscheidet."

3 Empirische Datenerhebung

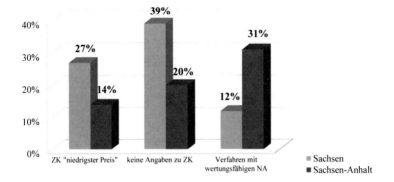

Abbildung 49: EU-Ausschreibungen mit zugelassenen Nebenangeboten

Die Ergebnisse sind in Abbildung 50 vergleichend für Sachsen und Sachsen-Anhalt bei nationalen Verfahren dargestellt. Danach wurde bei 23 % der Ausschreibungen mit zugelassenen Nebenangeboten gefordert, dass Nebenangebote nur in Verbindung mit einem Hauptangebot einzureichen sind. Darüber hinaus wurden Pauschalangebote bei 5,5 % untersagt und bei 1,6 % wurde die Nichtzulassung von Nebenangeboten auf bestimmte Bauweisen oder Teilleistungen des Leistungsverzeichnisses beschränkt. Die Restriktionen bezogen sich dabei oft auf die Erdarbeiten. Dies könnte ein Indiz auf bestehende Unsicherheiten im Zusammenhang mit dem Baugrundrisiko und dessen juristische Bewertung sein.

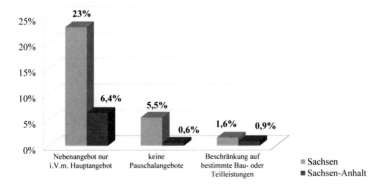

Abbildung 50: Nationale Verfahren mit zugelassenen Nebenangeboten

3.2 Datenerhebung als Feldversuch

3.2.1 Datenerhebung bei öffentlichen Vergabestellen und Auftraggebern

Die Befragung der öffentlichen Vergabestellen über die Handhabung von Nebenangeboten wurde mit Hilfe eines eigens erstellten spezifischen Fragebogens[218] durchgeführt. Dieser ist zum einen an die Teilnehmer postalisch versandt worden. Darüber hinaus wurde der Fragebogen im Rahmen von Interviews verwendet. Vor dem postalischen Versand des Fragebogens erfolgte zunächst eine telefonische Kontaktaufnahme mit den Befragten[219], wobei insbesondere deren Bereitschaft zur Teilnahme ermittelt werden sollte. Im Ergebnis bekundeten 20 der Befragten ihr Interesse zur Mitarbeit.

3.2.1.1 Grundlagen und Erläuterung zur Datenerhebung

3.2.1.1.1 Befragungsmatrix

Um einen Einblick zu erhalten, welche Rolle Nebenangebote bei öffentlichen Auftraggebern spielen, wurde im Rahmen der Bearbeitung der Studie ein einheitlicher Befragungsbogen konzipiert.

Mit Hilfe des Fragebogens sollte die Entwicklung der Vergaben in den letzten vier Haushaltsjahren in Bezug auf den Umgang mit Nebenangeboten, differenziert nach europaweiten Ausschreibungen und nationalen Ausschreibungen, betrachtet werden.

Es wurden statistische Zahlen sowie verbale Einschätzungen zum Thema Nebenangebote hinterfragt. Die erfragten statistischen Daten bezogen sich auf die Jahre 2011 bis 2014 und sollten einen repräsentativen Überblick über die Entwicklung im Umgang mit Nebenangeboten abbilden. Von allen Rückmeldungen der angeschriebenen Stellen wurde dargelegt, dass eine Datenerfassung von Nebenangeboten nicht erfolgt, die Fragen deshalb nur mit einem erheblichen Aufwand zu beantworten wären und es daher nicht möglich ist, die erfragte Statistik zu beziffern.

Die Befragungsmatrix wurde vor diesem Hintergrund dahingehend modifiziert, dass die Fragen zu den statistischen Daten auf das Haushaltsjahr 2013 begrenzt wurden. Damit konnten die Ergebnisse einheitlich betrachtet werden.

Befragt wurden neben Landesverwaltungen und Kommunalverwaltungen auch freiberuflich Tätige, die im Auftrag öffentlicher Auftraggeber arbeiten, sowie öffentliche Auftraggeber im funktionellen Sinne.

---

[218] Vgl. Anlage 3: Fragebogen zur Datenerhebung bei öffentlichen Vergabestellen
[219] Struktur der Befragten: Landesbaubehörden, Kommunale Baubehörden, AG nach SektVO und Ingenieurbüros

3 Empirische Datenerhebung

Die Auswertung und Darstellung der statistischen Daten erfolgt aufgrund der oben angeführten Ausführungen für alle Rückmeldungen nur für das Jahr 2013.

3.2.1.1.2 Interview

Hinter den erhobenen statistischen Zahlen und Daten stehen Prozesse und Regularien im Umgang mit Nebenangeboten in den verschiedenen Vergabestellen, die zum Teil sehr unterschiedlich gehandhabt werden. Damit keine Fehlinterpretation des Zahlenmaterials oder deren Untermauerung stattfindet, wurde mit einer Vergabestelle im Freistaat Sachsen, dem Staatsbetrieb Sächsisches Immobilien- und Baumanagement, Niederlassung Bautzen, ein Interview zum Thema Nebenangebote geführt.

Der Staatsbetrieb Sächsisches Immobilien- und Baumanagement Niederlassung Bautzen nimmt u. a. die Aufgaben eines öffentlichen Bauherren sowohl für Baumaßnahmen des Freistaates Sachsen als auch für Baumaßnahmen der Bundesrepublik Deutschland wahr. Zusätzlich betreut und prüft die Niederlassung zahlreiche Baumaßnahmen sogenannter Zuwendungsempfänger und wird in Amtshilfe auch für kommunale Auftraggeber und Stiftungen tätig.[220]

Das jährliche Bauvolumen beträgt im Durchschnitt der letzten 10 Jahre ca. 55 Mio. EUR, wobei sämtliche Leistungsbereiche wie Hochbau, Tiefbau, Freianlagen und Technische Gebäudeausrüstung abgedeckt werden. Jährlich werden in der Niederlassung Bautzen rund 3.200 Vergabeverfahren vorbereitet und durchgeführt.[221]

Im Rahmen des Interviews wurde die Handhabung mit Nebenangeboten sowohl in den Zeiträumen vor der restriktiven europäischen und nationalen Rechtsprechung betrachtet, als auch in den Zeiträumen danach.

3.2.1.2 Auswertung und Interpretation

In etwa 45 % der Rückmeldungen auf die Fragebögen hieß es, dass eine Statistik über den Umgang mit Nebenangeboten, was den Anteil der eingereichten Nebenangebote und die Beauftragung oder Wertung betrifft, nicht geführt werde oder aufgrund der eingesetzten Softwareprogramme nicht geführt werden könne. Die Ermittlung von bezuschlagten Nebenangeboten sei daher nur mit erheblichem Aufwand oder gar nicht festzustellen.

In den statistisch auswertbaren Fragebögen wurden insgesamt 9.109 Ausschreibungen, davon 8.525 (93,6 %) nationale Verfahren und 584 (6,4 %) EU-weite Verfahren beschrieben. Die überwiegende Zahl von 5.192 (57 %) Ausschreibungen sind nicht getrennt nach

---

[220] Lt. Angabe des Staatsbetriebes Sächsisches Immobilien- und Baumanagement. NL Bautzen, 2015
[221] Lt. Angabe des Staatsbetriebes Sächsisches Immobilien- und Baumanagement. NL Bautzen, 2015

3.2 Datenerhebung als Feldversuch

Sparten angegeben worden. 3.475 (38,1 %) Ausschreibungen sind dem Hochbau zuzuordnen. Aus dem Tief- und Straßenbau und dem Ingenieur- und Brückenbau wurden insgesamt 442 (4,9 %) Ausschreibungen gemeldet (vgl. Abbildung 51 und 52).[222]

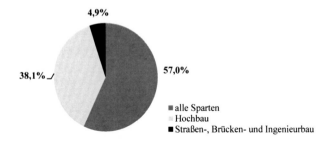

Abbildung 51: Verteilung der gemeldeten Ausschreibungen

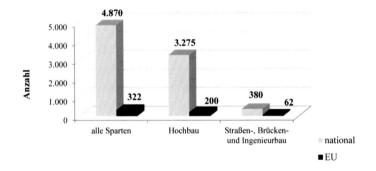

Abbildung 52: Aufteilung der Ausschreibungen nach nationalen/EU-Verfahren

Eine Unterteilung der weiteren Analysen und Ergebnisse auf die Sparten Hochbau, Straßenbau, Ingenieur- und Tiefbau wird nicht fortgeführt, da die überwiegende Anzahl der erfassten Ausschreibungen nicht nach Sparten differenziert angegeben worden sind.

3.2.1.2.1 Zulassung und Bezuschlagung von Nebenangeboten bei nationalen und europäischen Ausschreibungen

Die Vorschrift Nebenangebote auf Gleichwertigkeit gegenüber dem Hauptangebot zu überprüfen, sowie die verpflichtende Festlegung und Erläuterung von Mindestanforde-

---

[222] Lt. Angabe des Staatsbetriebes Sächsisches Immobilien- und Baumanagement. NL Bautzen, 2015

rungen für Nebenangebote bei EU-weiten Ausschreibungen sollen den von den Vergabestellen geforderten Qualitätsstandard gewährleisten, wenn Nebenangebote zugelassen und bezuschlagt werden.

Die Handhabung der öffentlichen Auftraggeber mit der Zulassung von Nebenangeboten zeigte folgendes Ergebnis (vgl. Abbildung 53):

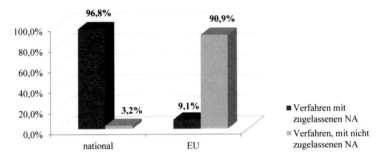

Abbildung 53: Zulassung von Nebenangeboten

90,9 % der Vergabestellen gaben an, dass sie Nebenangebote bei europaweiten Ausschreibungen nicht zulassen oder den Preis als alleiniges Wertungskriterium benennen und damit Nebenangebote bei der Wertung unberücksichtigt bleiben müssen. 9,1 % der Vergabestellen führten an, dass aufgrund der immer komplexer werdenden Wertung von Nebenangeboten diese bei europäischen Vergabeverfahren nur noch ausnahmsweise oder versehentlich zugelassen werden. Außerdem wurde die Gefahr gesehen, dass durch die Zulassung oder die Bezuschlagung von Nebenangeboten die Zahl der Vergabebeschwerden zunehmen könne. Bei nationalen Ausschreibungen stellen sich in etwa entgegengesetzte Werte dar.

Weiterhin sollten die Ausschreibungsstellen die Anzahl der abgebebenen Haupt- und Nebenangebote im Jahr 2013 beziffern.

Insgesamt waren von den eingereichten Angeboten, bezogen auf alle durchgeführten Verfahren mit zugelassenen Nebenangeboten im nationalen Bereich, ca. 11,6 % Nebenangebote. Im Bereich der EU-weiten Ausschreibungen betrug der Anteil der eingereichten Nebenangebote 8,5 % bezogen auf die Vergabeverfahren.

Der Anteil der bezuschlagten Nebenangebote in Bezug auf jene nationalen Ausschreibungen, bei welchen Nebenangebote zugelassen waren, betrug 0,6 % der eingereichten Nebenangebote. Die Quote der Bezuschlagung von Nebenangeboten bei europaweiten Ausschreibungen lag im Durchschnitt bezüglich der eingereichten Nebenangebote bei 4 % (vgl. Abbildung 54).

3.2 Datenerhebung als Feldversuch

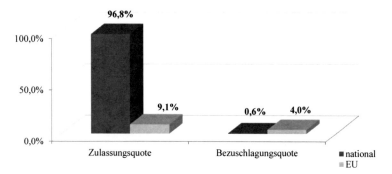

Abbildung 54: Zulassungs- und Bezuschlagungsquote

Während die Quote der zugelassenen Nebenangebote bei EU-weiten Ausschreibungen mit 9,1 % weit unter dem Niveau im Vergleich zu nationalen Ausschreibungen (96,8 %) lag, lag der Anteil der bezuschlagten Nebenangeboten in EU-weiten Ausschreibungen mit zugelassenen Nebenangeboten bezogen auf alle eingereichten Nebenangeboten bei 4,0 % und in nationalen Ausschreibungen sogar nur bei 0,6 %. Dieses Ergebnis kann als Indiz darauf gewertet werden, dass bei Ausschreibungen mit höherem Volumen (über dem Schwellenwert) im Vorfeld eine fundiertere Prüfung erfolgt, ob Nebenangebote zugelassen werden sollen. Im Weiteren kann durch die im Verhältnis zur Zulassungsquote höhere Bezuschlagungsquote davon ausgegangen werden, dass Ausschreibungen oberhalb des Schwellenwertes aufgrund des größeren Volumens eher Potenzial für zuschlagsfähige Nebenangebote enthalten.

Aus den Rückmeldungen war erkennbar, dass Nebenangebote bei europäischen Vergabeverfahren von den „klassischen"[223] öffentlichen Auftraggebern überwiegend nicht zugelassen werden. Als Zuschlagskriterium wird allein der Preis benannt, so dass bei der Wertung Nebenangebote unberücksichtigt bleiben. Gründe hierfür könnten die immer größer werdende Personalknappheit in den Bauverwaltungen verbunden mit einer womöglich mangelnden Fachkompetenz sein.

Bei den von der DEGES, der Deutschen Bahn oder Verkehrsbetrieben durchgeführten Verfahren waren Nebenangebote zugelassen. Dies führt zu dem Ergebnis des höheren Anteils an Ausschreibungen, bei denen Nebenangebote abgegeben worden sind. Im Ergebnis zeigt sich, diese Vergabestellen eher dazu neigen, sich mit Nebenangeboten zu befassen.

---

[223] Bauverwaltung oder Bauamt

3 Empirische Datenerhebung

Im Rahmen des Interviews wurden von den Befragten Daten vorgelegt, die eine Verteilung des Anteils zugelassener Nebenangebote im Zeitreihenvergleich darstellen (vgl. Abbildung 55). So war im Jahr 2012 ein Rückgang um 13,8 % auf 0 % hinsichtlich der Zulassung von Nebenangeboten bei EU-Ausschreibungen gegenüber dem Anteil aus dem Jahr 2011 zu verzeichnen, während der Anteil von zugelassenen Nebenangeboten bei nationalen Verfahren erst im Jahr 2013 rückläufig wurde und im Jahr 2014 nahezu gegen Null lief. Begründet wurde dies im Rahmen des Interviews mit der Entscheidung des Bundesgerichtshofes vom 07.01.2014: *„Da sich der BGH in seiner Entscheidung letztlich auf die festgelegten Grundsätze in der VOB Teil A beruft, hat sich das Land Sachsen dieser Rechtsprechung quasi komplett angeschlossen und erlassen, dass auch für nationale Vergabeverfahren keine Nebenangebote mehr zugelassen sind, wenn der Preis als alleiniges Zuschlagskriterium vorgesehen ist."*[224]

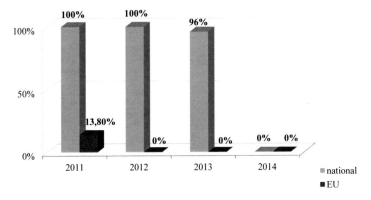

Abbildung 55: Anteil der Verfahren mit zugelassenen Nebenangeboten in Sachsen

Auf die Frage, wieviel Nebenangebote in den Jahren 2011 bis 2014 bezuschlagt wurden, wurde mitgeteilt, dass bei europäischen Verfahren kein Nebenangebot zum Zuschlag kam. Bei nationalen Verfahren wurde im Jahr 2011 und 2012 lediglich jeweils 1 Nebenangebot beauftragt. In den Jahren 2013 und 2014 bekam kein Nebenangebot den Zuschlag.

Im Gespräch wurde von der Vergabestelle dargelegt, dass sich die Rolle der Nebenangebote extrem verändert habe. Bis 2002 wurde im Unterschwellenbereich, aber auch im europäischen Vergabebereich, mit Nebenangeboten äußerst liberal umgegangen, sowohl was die Zulassung von Nebenangeboten als auch die Wertung anging. Es seien Nebenangebote bezuschlagt worden, die nach heutiger Rechtsprechung zwingend nicht zum Zuge hätten kommen dürfen.

---

[224] Lt. Angabe des Staatsbetriebes Sächsische Immobilien- und Baumanagement, NL Bautzen, 2015

3.2 Datenerhebung als Feldversuch

Durch die Entwicklung in der Rechtsprechung werden im Freistaat Sachsen derzeit in europäischen Verfahren sowie in nationalen Verfahren keine Nebenangebote mehr zuglassen, wenn der Preis als alleiniges Zuschlagskriterium vorgesehen ist. Der Befragte führt hierzu u. a. aus: *„Wenn überhaupt und diese Tendenz bestätigt sich in der Praxis, werden die innovativen Effekte bzw. wirtschaftlichen Vorteile von Nebenangeboten zunehmend in den Zeitraum nach Vertragsschluss verlagert. Das Risiko einer verzögerten Vergabe mit Auswirkungen auf Bauzeit und Preis ist dann nicht mehr gegeben. [...] Demnach wurde das wirtschaftlichere Nebenangebot des auch mit dem Hauptangebot an erster Stelle liegenden Bieters wegen des zu hohen Vergaberisikos nicht berücksichtigt. Erst nach Vertragsabschluss und unter Anwendung der Anordnungsparagraphen des Teiles B der VOB (§ 1 Abs. 3, § 2 Abs. 5) kam das Nebenangebot per Nachtragsvereinbarung zum Zuge."*[225]

Die im Rahmen der Befragung gewonnenen Aussagen und Zahlen über die Zulassung und Beauftragung von Nebenangeboten weisen auf ziemlich einheitliche Strukturen und Handlungsweisen in den Bauverwaltungen hin.

Gründe für die gewollte Nichtzulassung von Nebenangeboten könnte die nicht vorhandene Kapazität von fachlich geschultem Personal sein. Die Mindestanforderungen, die im Vorfeld angemessen beschrieben werden müssen, stellen höchstwahrscheinlich in vielen Bauverwaltungen ein Problem für die Mitarbeiter dar. Daraus resultiert dann auch die Angst vor Vergabebeschwerden von nicht berücksichtigten Bietern. Im Ergebnis der Auswertung zeigt sich, dass die Problematik der Nebenangebote bei Vergabebeschwerden im Jahr 2013, und bei der im Rahmen des Interviews befragten Vergabestelle für die Jahre 2011 bis 2014, nicht aufgetreten war.

Weiterhin könnte der erhebliche Mehraufwand, Mindestanforderungen zu formulieren, ein weitere Grund für die Nichtzulassung von Nebenangeboten sein.

Eine vertiefte Untersuchung im Rahmen der Arbeit, aus welchem Grund vorgelegte Nebenangebote nicht bezuschlagt wurden, ist nicht erfolgt. In der Praxis kommt es allerdings häufig vor, dass Nebenangebote nicht den Formerfordernissen entsprechen oder Mindestanforderungen nicht erfüllen oder in nationalen Verfahren keine Gleichwertigkeit festgestellt werden kann.

Die von der Deutschen Einheit Fernstraßenplanungs- und -bau GmbH (DEGES) gemeldeten Daten bildeten eine Ausnahme im Umgang mit Nebenangeboten im Vergleich zu den anderen Vergabestellen und soll daher im Folgenden explizit dargestellt werden (vgl. Abbildungen 56 und 57).

---

[225] Lt. Angabe des Staatsbetriebes Sächsisches Immobilien- und Baumanagement. NL Bautzen, 2015

3 Empirische Datenerhebung

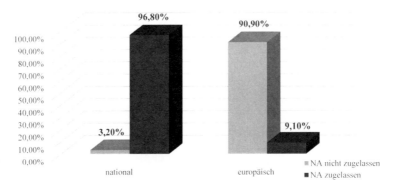

Abbildung 56: Vergleich der Zulassung von Nebenangeboten aller befragten Vergabestellen

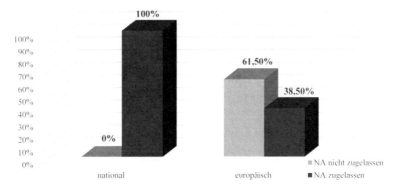

Abbildung 57: Vergleich der Zulassung von Nebenangeboten bei der DEGES

Die DEGES hat im Jahr 2013 110 nationale Vergabeverfahren und 26 EU-weite Vergabeverfahren durchgeführt. Davon wurden bei allen nationalen Verfahren und bei 10 EU-weiten Verfahren Nebenangebote zugelassen. Von der DEGES wurden somit im Jahr 2013 wesentlich mehr Verfahren mit zugelassenen Nebenangeboten durchgeführt, als dies im Durchschnitt aller befragten Vergabestellen der Fall war.

Die Abbildung 58 zeigt die Bezuschlagungsquote für Nebenangebote, bezogen auf alle eingereichten Angebote, auf alle eingereichten Nebenangebote sowie auf alle in der Wertung verbliebenen Nebenangebote bei der DEGES. Im Ergebnis zeigt sich eine vergleichsweise hohe Bezuschlagungsquote für gewertete Nebenangebote in nationalen (46,2 %) und europäischen (10 %) Verfahren. Die könnte ein Indiz darauf sein, dass größeren Vergabestellen Nebenangebote nicht so restriktiv behandeln.

3.2 Datenerhebung als Feldversuch

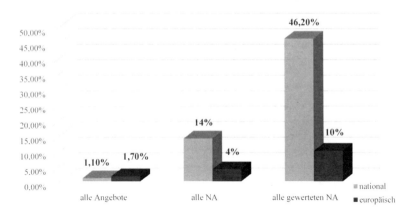

Abbildung 58: Bezuschlagungsquote bei der DEGES

3.2.1.2.2 Beurteilungen der Bauverwaltungen zum Umgang mit Nebenangeboten

Im Rahmen der schriftlichen Umfrage wurden die Vergabestellen aufgefordert, verbale Einschätzungen vorzunehmen und Meinungen zum Umgang mit Nebenangeboten abzugeben.

Die öffentlichen Auftraggeber sollten z. B. mitteilen, welche Art von Nebenangeboten von ihnen favorisiert wird. Das Ergebnis sollte Aufschluss darüber geben, welchen Zweck und welches Resultat die ausschreibenden Stellen mit der eventuellen Beauftragung von Nebenangeboten erreichen wollen.

Die Datenerhebung zeigte, dass technische Nebenangebote, die z. B. die Qualitäten oder Verfahren betreffen, von 57,6 % der befragten Vergabestellen bevorzugt werden. Eine Verkürzung der Bauzeit wurde als Nebenangebot dagegen nur von 3,0 % favorisiert. Kaufmännische Nebenangebote wurden von 12,1 % der öffentlichen Auftraggeber bevorzugt. Keine Nebenangebote, gleich welcher Art, werden von 27,3 % der befragten Stellen vorgezogen (vgl. Abbildung 59).

3 Empirische Datenerhebung

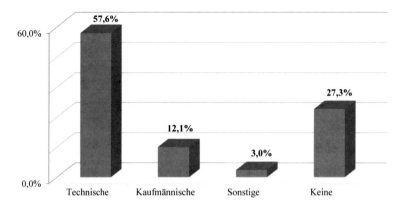

Abbildung 59: Anteil der favorisierten Nebenangebote

Das Ergebnis, dass 57,6 % [226] der befragten Ausschreibungsstellen technische Nebenangebote favorisieren, lässt darauf schließen, dass technische Innovationen der Bieter gern gesehen sind und den größten monetären Nutzen für die Vergabestelle versprechen.

Um Nebenangebote bei europäischen Vergabeverfahren berücksichtigen zu können, müssen die Vergabestellen in den Vergabebekanntmachungen neben dem Preis zusätzliche Zuschlagskriterien benennen. Die öffentlichen Auftraggeber wurden gefragt, welches zusätzliche Zuschlagskriterium (neben dem Kriterium Preis) bei den Vergabeverfahren zur Anwendung kam, um Nebenangebote berücksichtigen zu können.

Von den befragten Ausschreibungsstellen gaben nur 8,3 % an, dass sie als zusätzliches Zuschlagskriterium den technischen Wert ansetzen. In gleichem Maße kamen Zeitersparnis und Qualität als zusätzliches Zuschlagskriterium zur Anwendung. Ein Großteil der befragten Bauverwaltungen (41,7 %) geben keine weiteren zusätzlichen Zuschlagskriterien an, um Nebenangebote zulassen zu können. Darüber hinaus machten 41,7 % der Befragten keine Angaben (vgl. Abbildung 60).

---

[226] Von ca. 20 Befragten bei Landesbaubehörden, Kommunale Baubehörden, AG nach SektVO und Ingenieurbüros

3.2 Datenerhebung als Feldversuch

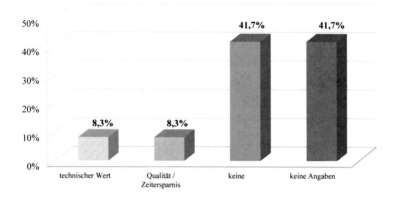

Abbildung 60: Zusätzliche Zuschlagskriterien

Mit Hilfe des Fragebogens wurden die öffentlichen Auftraggeber weiterhin gebeten, ihre Meinung zu äußern, ob Nebenangebote das Vergabeverfahren wesentlich beeinflussen sowie einen Wettbewerbsvorteil generieren und als Innovationsträger dienen können. Damit sollte herausgefunden werden, ob der tatsächliche Umgang mit Nebenangeboten der Ausschreibungsstellen, wie sie die bisherige Statistik wiedergibt, den persönlichen Einstellungen der einzelnen Mitarbeiter entspricht.

Im Gegensatz zu den bisherigen Aussagen und Ergebnissen war sehr interessant, dass 41,7 % der Befragten einschätzten, dass zulässige Nebenangebote die Vergabeverfahren eher positiv beeinflussen. Nur 8,3 % waren der Meinung, dass zulässige Nebenangebote einen eher negativen Einfluss auf die Vergabeverfahren ausüben. Als Begründung wurde von einer Bauverwaltung ausgeführt, dass die Wertung von Nebenangeboten, trotz aller Bemühungen um Transparenz, angreifbar und zumindest diskutierbar bleiben würde.

Hingegen gaben 33, 3 % der Befragten an, dass Nebenangebote keine Einflussnahme auf die durchgeführten Vergabeverfahren haben. Es wurde angeführt, dass sich die Risiken, insbesondere im Hinblick auf Rügen und Nachprüfungsverfahren und die Chancen auf größere Wirtschaftlichkeit und Innovation unter Berücksichtigung der derzeitigen Rechtsprechung zu Nebenangeboten die Waage halten würden.

Keine Aussage zu diesem Sachverhalt erfolgte von 16,7 % der Befragten (vgl. Abbildung 61).

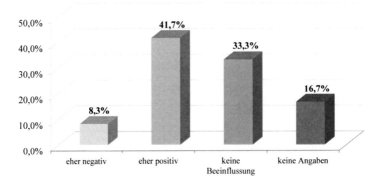

Abbildung 61: Beeinflussung der Vergabeverfahren durch Nebenangebote

Ebenso bejahte die Mehrzahl der Befragten (75 %), dass Nebenangebote als Innovationsträger dienen und einen Wettbewerbsvorteil erzeugen können. Nur 8,3 % der Befragten verneinten diese Frage. 16,7 % der Befragten trafen auch hierzu keine Aussage (vgl. Abbildung 62).

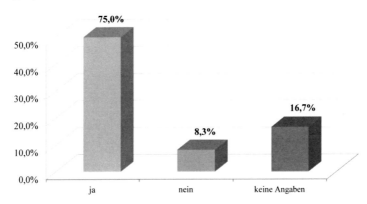

Abbildung 62: Nebenangebot als Innovationsträger und Wettbewerbsgenerierer

Dieses Ergebnis unterstreicht die vorhergehende Fragestellung und bestätigt demnach eine tendenziell positive Einstellung der Befragten zu Nebenangeboten. Darüber hinaus könnte das Ergebnis ein Indiz darauf sein, dass die Befragten grundsätzlich progressiv gegenüber innovativen Nebenangeboten eingestellt sind und sich hierdurch einen nicht nur monetären Vorteil versprechen.

Eine allgemeine Hypothese besteht dahingehend, dass insbesondere spezialisierte Unternehmen die Möglichkeit nutzen, ihre zum Teil langjährigen Erfahrungen auf ihrem Einsatzgebiet in innovative Nebenangebote zu überführen. Ob diese Aussagen in der Realität

3.2 Datenerhebung als Feldversuch

tatsächlich zutreffen, wurde im Rahmen der schriftlichen Umfrage überprüft. Auf die Frage, ob spezialisierte Unternehmen eher Nebenangebote abgeben, antworteten 50 % der Befragten, dass dies der Fall sei. 25 % waren der Meinung, dass diese Aussage nicht zutreffen würde und 25 % äußerten sich zu dieser Frage nicht (vgl. Abbildung 63).

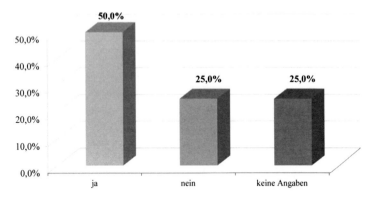

Abbildung 63: Spezialisierte Unternehmen geben eher Nebenangebote ab

Auf die Frage, wie die Einstellungen von Planungsbüros zu Nebenangeboten sind, gaben 23,4 % der Befragten an, dass sie der Meinung sind, die eingeschalteten freiberuflich Tätigen (Planungsbüros) als Verfasser der Leistungsbeschreibung sind eher positiv gegenüber Nebenangeboten eingestellt (vgl. Abbildung 64).

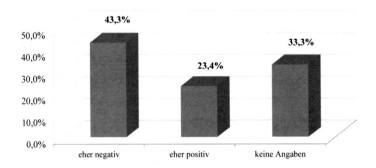

Abbildung 64: Einstellung der Planungsbüros zu Nebenangeboten

Hingegen war ein Anteil in Höhe von 43,3 % der Ansicht, dass die Planungsbüros eher negativ gegenüber Nebenangeboten eingestellt sind und 33,3 % gaben auch hierzu keine Meinung ab.

An dieser Stelle ist daraufhin zu weisen, dass nach HOAI 2013 rechtlich geklärt ist, dass Prüfen und Werten von Nebenangeboten mit Auswirkungen auf die abgestimmte Planung als besondere Leistung in der Phase 7 zwingend honorarrelevant ist. Bis zu dieser Fassung der HOAI war das strittig, es wurde meist kein zusätzlicher Honoraranspruch abgeleitet.

Von einer Vielzahl der Befragten wurde als Grund für die Nichtzulassung von Nebenangeboten das Risiko von Vergabebeschwerden und Nachprüfverfahren vorgebracht. Vor diesem Hintergrund wurden die Anzahl der stattgefundenen Nachprüfverfahren sowie die Anzahl der stattgefundenen Nachprüfverfahren, bei denen die Frage von Nebenangeboten zu Grunde lag, von den Teilnehmern abgefragt (vgl. Abbildung 65).

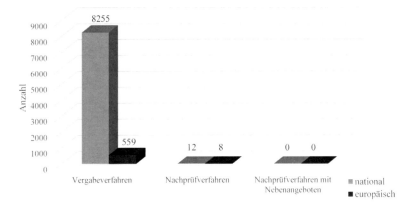

Abbildung 65: Anzahl der Vergabeverfahren und Nachprüfverfahren mit Nebenangeboten

Wie in Abbildung 65 ersichtlich, wurden im nationalen Bereich nur 12 der gesamten Vergabeverfahren einem Nachprüfverfahren unterzogen, wobei das Thema Nebenangebote bei keinem der Verfahren eine Rolle spielte. Ähnlich sieht das Ergebnis für EU-weite Verfahren aus. Dort wurden lediglich 8 der Vergabeverfahren einer Nachprüfung unterzogen. Auch hier lag bei keinem Verfahren die Frage von Nebenangeboten zugrunde.

3.2.2 Datenerhebung im Bereich der Bieter/Auftragnehmer

Die Befragung der mittelständischen Bauunternehmen über die Handhabung von Nebenangeboten wurde, analog der Datenerhebung im Bereich der öffentlichen Vergabestellen, mit Hilfe eines spezifischen Fragebogens[227] sowie im Rahmen von Interviews durchgeführt. Durch dasselbe Erhebungsverfahren wie im Bereich der Auftraggeber sollte eine

---

[227] Vgl. Anlage 4: Fragebogen zur Datenerhebung bei Bauunternehmen

3.2.2.1 Grundlagen und Erläuterungen zur Datenerhebung

Vergleichbarkeit im Rahmen der Datengewinnung und Auswertung tendenziell gewährleistet werden.

Um einen Einblick zu erhalten, welche Rolle Nebenangebote bei Bauunternehmen in Deutschland spielen, wurde im Rahmen der Bearbeitung der Studie ein einheitlicher Befragungsbogen (vgl. Anlage 4) konzipiert und versendet. Mit Hilfe des Fragebogens sollten Daten für den Umgang mit Nebenangeboten, speziell im Bereich des förmlichen Vergabeverfahrens, gewonnen werden. Hierbei wurden verbale Einschätzungen zur Frage der Nebenangebote anhand von 14 Fragen erhoben.

In Ergänzung zur empirischen Datenerhebung sind zur Gewinnung weitergehender spezifischer Daten Interviews mit Bauunternehmen durchgeführt worden.

Die Befragung bezog sich auf die Jahre 2014 bis 2015 und sollte einen aktuellen Überblick über die Entwicklung im Umgang mit Nebenangeboten abbilden.

Als Hauptziel der durchgeführten Erhebung waren folgende einschlägige Erkenntnisse zu gewinnen:

- allgemeine Einstellung der deutschen Bauunternehmen bezogen, auf die Rahmenbedingungen von Nebenangeboten,
- Aspekte, warum Nebenangebote von Bauunternehmern unterbreitet werden,
- prozentualer Auftragseingang durch Nebenangebote, bezogen auf den gesamten Auftragseingang,
- Sichtweise der Unternehmer auf die Ausschreibung, speziell in Bezug auf Nebenangebote,
- Beurteilung des rechtlichen Rahmens für das Nebenangebot durch die Unternehmer,
- Arbeitsaufwand, der durch die Abgabe von Nebenangeboten entsteht,
- Merkmale, wonach Nebenangebote angefertigt werden,
- Kritikpunkte und Verbesserungsvorschläge bezüglich der Nebenangebote,
- Einschätzung der Vergabestellen durch die Unternehmer in Bezug auf Nebenangebote,
- Tendenz für die zukünftige Abgabe von Nebenangeboten.

3 Empirische Datenerhebung

Die vorgenannten Aspekte wurden mit Hilfe eines eigens dafür konzipierten Fragebogens[228] bei zufällig ausgewählten mittelständischen Bauunternehmen erfragt und ausgewertet.

Anhand der Spartenunterschiede wurden Erkenntnisse und Ursachen erforscht, um Möglichkeiten aufzuzeigen, das Instrument des Nebenangebotes attraktiver für Bauunternehmen zu machen.

Aufgrund der Komplexität konnten die befragten Bauunternehmen nicht regional unterschieden werden, da fast jedes der befragten mittelständischen Bauunternehmen bundesweit und damit überregional tätig ist.

Die befragten Bauunternehmen gehören zum deutschen Mittelstand. Kriterien für eine allgemeine Klassifizierung in diesem Bereich sind u. a.: [229]

- einen Jahresumsatz von mehr als einer Million und weniger als 50 Mio. EUR,
- zwischen 10 und 499 Mitarbeiter.

Kleine und mittlere Unternehmen erzielten in Deutschland den meisten Umsatz und sind daher besonders für die Datenerhebung geeignet.

Die Datenerhebung verdeutlichte, dass die Bauunternehmen wenig Interesse oder keine Zeit für wissenschaftliche Forschung haben. Von den über 100 kontaktierten Unternehmen beantworteten lediglich 45, die vornehmlich ihren Hauptsitz im Raum Hessen, Thüringen und Nordrein-Westfahlen haben, den Fragebogen. Alle mit dem ausdrücklichen Wunsch, anonym zu bleiben. Hintergrund dieser Zurückhaltung sei der bestehende Wettbewerbsvorteil und die Unverbindlichkeit der Datenangaben, so die Begründung der Unternehmer.

Eine Systematik bei der Auswahl der Unternehmen nach Kategorien gab es nicht.

3.2.2.2 Befragungsmatrix

An Hand eines spezifizierten und einheitlichen Fragebogens[230] sind Daten bei Bauunternehmen erhoben und ausgewertet worden. Die nachfolgenden 14 Einzelfragen sollten aktuelle Aussagen zu den zuvor diskutierten theoretischen Grundlagen[231] abbilden. Die Ergebnisse der Befragung sollten vor allem sowohl Unterschiede als auch Gemeinsamkeiten gegenüber der Datenerhebung auf der Auftraggeberseite darstellen.

---

[228] Vgl. Anlage 4: Fragebogen zur Datenerhebung bei Bauunternehmen
[229] Vgl. Gabler, Wirtschaftslexikon, Definition Mittelstand
[230] Vgl. Anlage 4: Fragebogen zur Datenerhebung bei Bauunternehmen
[231] Vgl. Kapitel 2 – Charakterisierung des Nebenangebotes

3.2 Datenerhebung als Feldversuch

Frage 1: Wie stehen Sie generell Nebenangeboten gegenüber?

Das aktuelle Befinden gegenüber Nebenangeboten drückt oberflächlich den Erfolg, Misserfolg und auch die Wichtigkeit dieses Instrumentes im Vergabeverfahren aus. Unabhängig von Gewerken sind die Unternehmen bei öffentlichen Auftraggebern bemüht, den Zuschlag zu erhalten und bedienen sich gerne der Möglichkeit, das Angebot durch Nebenangebote attraktiver zu gestalten. Die Fragen 1 und 2 sollten daher Auskunft darüber geben, wie die Unternehmen generell gegenüber Nebenangeboten stehen.

Abbildung 66 zeigt die Quote der eingegangenen Antworten der Befragten und, wie die Unternehmer generell gegenüber Nebenangeboten eingestellt sind. Im Falle der Befragten sprachen sich 35 (78 %) Teilnehmer für ein positives Empfinden gegenüber Nebenangeboten aus. Dagegen gab es unter den 45 Teilnehmern lediglich 3 (7 %) negative Stellungnahmen, die das Ergebnis prozentual gesehen kaum beeinflussen. Weitere 7 (15 %) Teilnehmer machten keine Angaben.

Betrachtet man die Umfrageergebnisse als Spiegel der allgemeinen Meinung bei mittelständischen Bauunternehmen, belegen diese Zahlen eindeutig, dass ein Großteil die Möglichkeiten von Nebenangeboten als positiv empfindet.

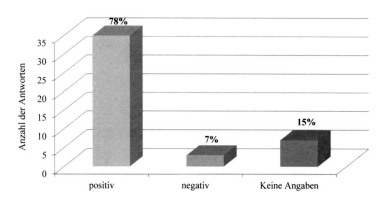

Abbildung 66: Einstellung der Unternehmen zum Nebenangebot allgemein

Frage 2: Geben Sie gerne Nebenangebote ab?

Im Zusammenhang mit der Frage 1 wurde außerdem gefragt, ob ein Nebenangebot gerne angefertigt wird. In dieser Fragestellung wurde explizit noch nicht nach dem wirtschaftlichen Aspekt gefragt. Es ging zunächst in erster Linie um das alleinige Befinden und, noch weiter gedacht, im Kern um die eigene Philosophie der Unternehmer im Verhältnis zum Nebenangebot.

Im Ergebnis zeigten 36 (80 %) Befürworter eindeutig den Willen, Nebenangebote wahrzunehmen und womöglich eigene Produkte, Ausführungstechniken oder sonstiges Knowhow auf den Markt zu bringen, um damit einen Vorteil zu erlangen. Es lässt sich vermuten, dass durch die Abgabe von Nebenangeboten häufig positive Rückmeldungen aufgenommen wurden und insbesondere Aufträge dadurch akquiriert worden sind. Aus Sicht der Bauunternehmer ist das Nebenangebot willkommen. Interessant ist ebenfalls, dass jene Befragten, die bisher noch keine Angaben machten, sehr wohl eine Antwort auf die eigene Einstellung zur Abgabe von Nebenangeboten machten. Im Vergleich der beiden vorgenannten. Fragen stieg die Anzahl der negativen Angaben hierbei von 3 (7 %) auf 8 (18 %), während sich lediglich ein weiterer Befragter positiv äußerte (vgl. Abbildung 67).

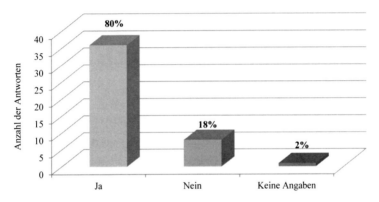

Abbildung 67: Geben Unternehmen gerne Nebenangeboten ab

Aufgrund des signifikanten Anstiegs können diese acht Befragten gleichwohl nicht außer Acht gelassen werden. Gründe für die Abneigung gegenüber Nebenangeboten könnten vor allem an dem erhöhten Arbeitsaufwand oder an den zu häufig erfolgten negativen Rückmeldungen liegen. Diese These kann zumindest anhand nachfolgender Frage 3 untermauert werden.

Es muss an dieser Stelle allerdings darauf verwiesen werden, dass vier Unternehmen bereits nach der zweiten Frage das Interview abbrachen. Über die Gründe, für den Entschluss das Interview abzubrechen, kann abschließend nichts gesagt werden.

Frage 3: Gemessen an der Arbeit eines Hauptangebotes – wie schätzen Sie den Mehraufwand durch die Abgabe eines Nebenangebotes für Sie ein?

Wie bereits erwähnt, muss mit der Abgabe von Nebenangeboten, bei gleichzeitiger Abgabe eines Hauptangebotes, ein zusätzlicher Aufwand durch die Bauunternehmen betrieben werden, um dieses anzufertigen respektive zu erarbeiten. Mit Frage 3 des Fragebogens sollte daher herausgefunden werden, wie hoch dieser erhöhte Mehraufwand geschätzt wahrgenommen wird. Die Frage wurde insbesondere mit dem Ziel gestellt, die positive oder negative Stimmung gegenüber den Nebenangeboten zu rechtfertigen und diese mit korrelierenden Daten zu untermauern.

Der in Abbildung 68 dargestellte Mehraufwand von 20 % bis 30 % für die Anfertigung eines zusätzlichen Nebenangebotes wird von 12 Befragten, und damit von der Mehrheit, beziffert. Das Nebenangebot, welches ein vollwertiges Angebot darstellt, wird demnach mit einem Bruchteil an Arbeitsaufwand bewertet, wenn im Zuge der Ausschreibung das Hauptangebot ohnehin bearbeitet wird. Daher lässt sich eine Chancenerhöhung und Verdopplung der Angebote mit durchschnittlich 30 % höheren Mehraufwendungen generieren.

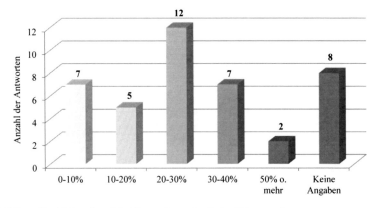

Abbildung 68: Mehraufwand der Unternehmen durch das Nebenangebot

Im Rahmen der Befragung wurde ebenfalls deutlich, dass Bauunternehmen mit einer positiven Einstellung zum Nebenangebot den Aufwand zu dessen Erstellung als weniger gravieren einschätzen, als solche mit einer eher negativen Einstellung.

Das Ergebnis zeigt, dass die mittelständischen Bauunternehmen diese Chancenerhöhung und individuellere Angebotsgestaltung trotz Mehraufwand positiv bewerten. In den Augen der meisten Bauunternehmen ist es effizient, ein Nebenangebot zu bearbeiten und abzugeben. Lediglich zwei befragte Unternehmer beziffern den Mehraufwand auf 50 % oder mehr und somit als einen erheblichen zusätzlichen Mehraufwand von Zeit und Kosten.

Aus der Abbildung 68 ergibt sich eine breitere Fächerung der Ergebnisse gegenüber der Frage 2. Das hängt nicht ausschließlich von der erhöhten Zahl der Antwortmöglichkeiten ab, sondern vor allem mit dem Volumen und der Vielseitigkeit, mit der man ein Nebenangebot gestalten kann und sollte. Der Mehraufwand ist in diesem Sinne schwer greifbar und soll lediglich auf die Gesamtheit und den Mittelwert abzielen, beziehungsweise einen Bezug zum Befinden der Unternehmen herstellen.

Des Weiteren lässt sich der von der Mehrheit der Befragten angegebene geringe durchschnittliche Mehraufwand damit begründen, dass der Gesamtaufwand, ein Angebot für einen öffentlichen Auftraggeber abzugeben, nicht zum größten Teil von der Verpreisung der Positionen abhängt, sondern auch wegen der umfangreichen formalen Anforderungen und Einarbeitung in das Projekt.

Eignungsnachweise, Deckungsnachweis der Versicherung, Ausfüllen der geforderten Formulare, Zeugnisse und diverse weitere Auskünfte müssen sorgfältig zusammengetragen werden. Ein Aufwand, der auch ohne das Nebenangebot betrieben werden muss, ist die Durchsicht der technischen Unterlagen bis hin zur Leistungsbeschreibung. Auch dieser Aufwand schafft die Diskrepanz zwischen der Arbeit an einem Hauptangebot und dem durchschnittlichen Mehraufwand von lediglich 30 %, die die Erarbeitung eines Nebenangebotes in Anspruch nimmt.

Die Befragten, die ungerne Nebenangebote abgeben gaben durchschnittlich an, dass der Mehraufwand höher liegt als bei 20 % bis 30 % bezogen auf die Abgabe eines Hauptangebotes. Diese Negativstimmen repräsentieren jedoch nur eine kleine Anzahl von 8 Stimmen.

Zusammenfassend lässt sich aus den ermittelten Daten schließen, dass der größte Aufwand für die Bauunternehmer nicht in der Abhandlung und der Anzahl der Angebote besteht, sondern im Wesentlichen darin, das Projekt und die Ausschreibungsunterlagen kennenzulernen und die geforderten Formalien zu erfüllen. Um diesen Punkt wirtschaftlicher zu gestalten, könnten Ausschreibungen optimiert werden. Damit wäre die Arbeit für den Vergabestellen und Planer höher, jedoch für die Vielzahl der Bieter insgesamt niedriger und wirtschaftlich effizienter. Um den Bearbeitungsaufwand für die Bieter spürbar zu reduzieren, wären obligatorische vereinfachte Präqualifikationen denkbar und anstrebenswert. Dann würden alle Unternehmensdaten bereits ausgewertet vorliegen und die Vergabestellen könnten sofort darauf zugreifen. Das würde einen Datenpool generieren, der darüber hinaus nach Kriterien und Bonität ausgebaut werden könnte. Bei beschränkten Ausschreibungen wäre es einfacher für die Vergabestelle, bestimmte qualifizierte Unternehmen anzusprechen oder auszuwählen. Die Prüfung der Unterlagen des Bieters müsste nur einmalig erfolgen und in geregelten Abständen aktualisiert werden, da viele Ergebnisse der Prüfung für kommende Ausschreibungen gespeichert blieben. Demnach könnte sich der Bieter direkt auf die technischen Unterlagen konzentrieren und müsste nicht, immer wieder aufs Neue, umfangreiche Formalien ausfüllen, da diese Daten bereits digital erfasst worden wären.

3.2 Datenerhebung als Feldversuch

Frage 4: Wie viele Zuschläge haben Sie durch Abgabe von Nebenangeboten, prozentual gesehen auf Ihren gesamten Auftragseingang, erhalten?

Im Ergebnis zeigt die Abbildung 69 eindeutig den Erfolg, der durch die Abgabe von Nebenangeboten generiert werden kann. Der errechnete Mittelwert für den Auftragseingang durch Nebenangebote im Verhältnis zum gesamten Auftragseingang ist somit erheblich und beträgt bei 15 der befragten Unternehmen im Durchschnitt zwischen 20 % bis 30 %.

Rechnet man von den abgegebenen Nebenangeboten die geringe Wahrscheinlichkeit ab, unter vielen Mitbewerbern den Auftrag zu bekommen und lässt darüber hinaus die Wahrscheinlichkeit außer Acht, dass ein Nebenangebot überhaupt zur Wertung zugelassen wird, spiegelte dieses Ergebnis ein weitaus positiveres Resultat wider, als die ermittelten 20 % bis 30 % durchschnittlicher Erfolgschance vermuten lassen. Dieses Ergebnis deckt sich außerdem mit der überwiegend positiven Einstellung, die sich aus den Fragen 1 und 2 deutlich ergeben und das Befinden der Befragten zum Nebenangebot insgesamt widerspiegeln.

Die in der Abbildung 69 angegebenen acht Unternehmer mit einer Erfolgschance von 0 % bis 10 % lassen sich unter anderem auch auf die Tatsachen zurückführen, dass immer nur ein Bewerber einen Auftrag erhält und die übrigen Bieter damit leer ausgehen.

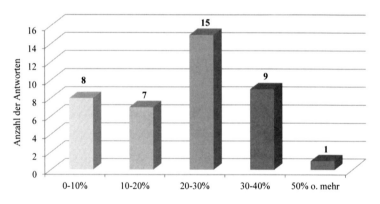

Abbildung 69: Zuschläge infolge von Nebenangeboten

Frage 5: Denken Sie, dass Auftraggeber auf die Abgabe von Nebenangeboten aus reichend hinweisen?

Für beide Parteien (Vergabestelle/Bieter) ist ein fairer Umgang auch für den Bereich der Nebenangebote wichtig. Sowohl Auftraggeber als auch Auftragnehmer sollen hierbei profitieren. Es gibt, wie bereits in den vorhergegangenen Abschnitten erläutert, eine

3 Empirische Datenerhebung

Reihe an Vorschriften und Reglementierungen, die die Rahmenbedingungen für Vergabestellen und auch für Bieter für Nebenangebote festlegen.

In der Frage 5 geht es darum, ob aus Sicht des Bauunternehmens die Vergabestelle ausreichend auf eine Abgabe von Nebenangeboten hinweist.

Anhand der Abbildung 70 ist erkennbar, dass es seitens der Bieter eindeutig Kritik an den Hinweisen auf Nebenangebote in Ausschreibungen gibt.

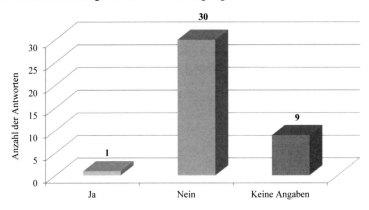

Abbildung 70: Mangelhafte Hinweise der Vergabestellen auf Nebenangebote

Demnach fühlen sich 30 (75 %) der insgesamt 40 mit der Frage konfrontierten Befragten nicht ausreichend auf Nebenangebote hingewiesen. Dahingegen empfand nur einer der Befragten die Hinweise des Auftraggebers auf Nebenangebote als hinreichend.

Frage 6: Wie beurteilen Sie den rechtlichen Rahmen der Nebenangebote?

Im weiteren Verlauf der Umfrage richtete sich nunmehr der Fokus der Befragung auf die Beurteilung der Bauunternehmen in Bezug auf den rechtlichen Rahmen, der für die Abgabe von Nebenangeboten im Betrachtungszeitraum vorlag.

Die ausgewerteten und in der Abbildung 71 dargestellten Ergebnisse zeigen in einem Verhältnis von 21 zu 7 eindeutig, dass aus Sicht der befragten Bauunternehmen der rechtliche Rahmen als unzureichend empfunden wird.

3.2 Datenerhebung als Feldversuch

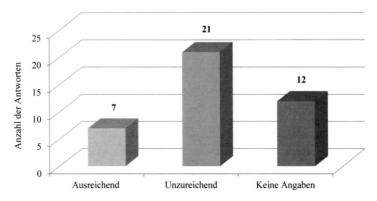

Abbildung 71: Beurteilung des rechtlichen Rahmens für Nebenangebote

Dabei sehen ca. 50 % der meinungsbildenden Befragten die VOB und andere Vorschriften als nicht ausreichend an. Lediglich ca. 8 % der abgegebenen Antworten sagen hingegen, dass der aktuelle rechtliche Rahmen ausreichend ist.

Frage 7: Welche Merkmale sind für Sie bei Nebenangeboten wichtig?

Diese Fragestellung sollte darüber Auskunft geben, welche Merkmale überhaupt wichtig sind, ein Nebenangebot anzufertigen und warum die Befragten motiviert sind, die Mühe der Ausarbeitung eines Nebenangebots auf sich zu nehmen. Auch hier stand es den Befragten wieder frei, mehrere Antwortmöglichkeiten auszuwählen, welche nur in zwei Fällen erfolgte.

Die Antwort auf Frage 7 fällt, wie in Abbildung 72 deutlich zu erkennen ist, wenig überraschend aus. Eine Mehrheit der Befragten wies mit 34 Stimmen auf das Motivationskriterium Preis/Gewinn hin und gab damit frei heraus zu, dass es ihnen vor allem um den Gewinn geht. Die Motivation der Bauunternehmer liegt also eindeutig bei der Gewinnmaximierung, da Nebenangebote größtenteils bessere Margen beinhalten als das Hauptangebot. Darüber hinaus spielt natürlich und vordringlich die Intention eine bedeutende Rolle, durch einen niedrigen Angebotspreis (Haupt-/Nebenangebot) den Zuschlag zu erhalten und damit die Unternehmensauslastung sicher zu stellen.

Insgesamt sind es ca. 90 % der Befragten, die ein Nebenangebot nur aus monetären Hintergründen anfertigen.

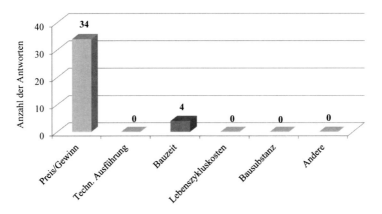

Abbildung 72: Intension der Nebenangebote für Unternehmen

Immerhin ein kleiner Teil von ca. 10 % der Befragten wertet auch die Bauzeit als wichtigen Faktor, da sich diese kostensparend auf die Ressource Personal auswirkt und zudem der Auftraggeber einen Vorteil aus der möglichen vorzeitig Nutzung der Bauleistung ziehen kann. Das Kriterium „Bauzeit" korreliert hierbei außerdem wieder stark mit der Absicht einer Gewinnmaximierung, da sie preislich einen wirtschaftlichen Faktor abbildet.

Andere wichtige Faktoren, die vor allem dem Auftraggeber bei der zukünftigen Nutzung zugutekämen, wurden von den Befragten komplett unberücksichtigt gelassen. Folglich gab kein befragtes Unternehmen die Faktoren technische Ausführung, Lebenszykluskosten und Bausubstanz als Intention für ein Nebenangebot an. Die Auswertung der Frage zeigt somit, dass die mögliche Gewinnmaximierung oder Kostenersparnis und die Bauzeitverkürzung an vorderster, wenn nicht sogar an einziger Stelle für die befragten Unternehmen stehen.

Hingegen spielen Vorteile für den Auftraggeber auf der Bieterseite eine geringe bis keine Rolle. Dies kann wiederum erhebliche Folgen für den Auftraggeber haben. Durch die reine Gewinnerzielungsabsicht der Bauunternehmen kann sich der günstige Investitionspreis für den Auftraggeber schnell als unwirtschaftlich herausstellen, da die größte Kostengruppe einer Immobilie beispielsweise in der Nutzungsphase (s. g. Lebenszykluskosten) am höchsten sein kann.

Frage 8: Bei welchen Gewerken geben Sie besonders gerne Nebenangebote ab?

Ein weiterer interessanter Punkt bei der Erörterung der Unternehmersicht zur Bereitschaft Nebenangebote abzugeben, ist die Spezifizierung auf bestimmte Gewerke.

3.2 Datenerhebung als Feldversuch

Frage 8 zielte deshalb vorwiegend darauf ab, herauszufinden, ob sich anhand der Antworten etwaige Tendenzen erkennen lassen, in welchen spezifischen Gewerken besonders gerne Nebenangebote abgegeben werden. Ebenfalls ist interessant, ob es besonders beliebte und umgekehrt besonders unbeliebte Sparten für das Nebenangebot bei den Befragten gibt.

Als Auswahlmöglichkeiten standen den Befragten die Antworten: Rohbau-, Tiefbau-, Fensterbau-, Dachdecker-, Fassadenbau-, Dämmungs-, Putz-, Maler-, Trockenbau-, Abdichtungs-, Belag- und Estricharbeiten zur Auswahl, welche eine grobe Zusammenstellung wichtiger Gewerke bei der Realisierung eines schlüsselfertigen Bauprojekts darstellen.

Es war den Befragten ausdrücklich gestattet, mehrere Antworten abzugeben. Die Ergebnisse stellen sich nach Abbildung 73 folgendermaßen dar:

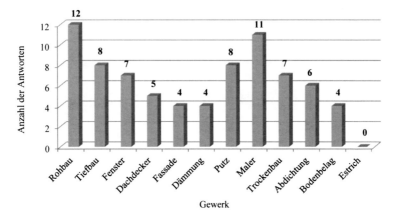

Abbildung 73: Gewerkespezifische Abgabe von Nebenangeboten

Die abgegebenen Antworten zeigen, dass, die befragten Bauunternehmen vor allem bei den Rohbau- (12 Stimmen) und Malerarbeiten (11 Stimmen) gerne zur Abgabe eines Nebenangebotes neigen. Danach folgen die Tiefbau- und Putz- (je 8 Stimmen) vor den Trockenbau- und den Fensterarbeiten (je 7), Abdichtungs- (5 Stimmen), Dämmungs-, Belags- und Fassadenarbeiten (jeweils 4). Niemand der Befragten gab an, für Estricharbeiten Nebenangebote zu erstellen.

Die Auswertung der Ergebnisse zeigt, dass abgesehen von zwei Ausreißern nach oben (Rohbau- und Malerarbeiten) und einem Ausreißer nach unten (Estricharbeiten), die übrigen Gewerke in einen gleichmäßigen Bereich zwischen 4 und 8 Stimmen fallen. So betrachtet lassen sich allenfalls Hinweise darauf erkennen, dass vor allem für die Rohbauphase gerne Nebenangebote abgegeben werden, gefolgt von den Malerarbeiten. Die übrigen Gewerke (mit Ausnahme von Estricharbeiten) werden hingegen in einem engen Rahmen und ohne besonders auffällige Bevorzugung eines einzelnen Gewerks für Nebenangebote ausgewählt.

Frage 9: Würden Sie ein Nebenangebot abgeben, auch wenn es für Sie keine finanziellen Vorteile bringt?

Wie bereits die Antworten auf Frage 7 zeigten, geben die Befragten vor allem Preis und Gewinn als Beweggründe für die Abgabe eines oder mehrerer Nebenangebote an. Die Frage 9 sollte daher noch einmal im Kontext sicherstellen, ob auch ohne zusätzlichen Gewinn auf das Mittel des Nebenangebotes zurückgegriffen werden würde.

Wie die Abbildung 74 zeigt, gaben lediglich 8 (20 %) von 39 Unternehmen an, dass sie ein Nebenangebot selbst dann abgeben würden, wenn sie daraus keinen zusätzlichen finanziellen Nutzen ziehen würden. Im Umkehrschluss lehnten 31 Befragte (80 %) ein Nebenangebot ohne zusätzlichen finanziellen Vorteil ab. Damit bestätigt sich, was die Antworten auf Frage 7 bereits hypothetisch erahnen ließen.

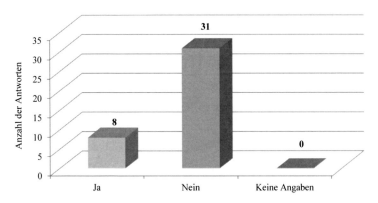

Abbildung 74: Abgabe von Nebenangeboten auch ohne finanziellen Vorteil

In Bezug auf die Anfertigung und der damit einhergehenden zusätzlichen Arbeit für die Erstellung eines Nebenangebotes kommt es demnach bei ca. 80 % der Befragten darauf an, einen finanziellen Vorteil zu erzielen. Nur ca. 20 % und damit eine klar Minderheit geben Nebenangebote unabhängig davon ab, ob ein zusätzlicher finanzieller Nutzen für das eigene Bauunternehmen entsteht.

3.2 Datenerhebung als Feldversuch

Frage 10: Was würden Sie sich beim Umgang mit Nebenangeboten zukünftig wünschen?

Im Rahmen dieser Fragestellung wurde erörtert, was die Bauunternehmer sich für die Zukunft im Umgang mit Nebenangeboten wünschen.

Wie aus der Abbildung 75 hervorgeht, war es den Teilnehmern erlaubt, mehrere Antwortmöglichkeiten auszuwählen. Dies führte demnach zu einer höheren Antwortrate. Der größte Teil, nämlich 36 von 45 Befragten, sieht in der Transparenz des Verfahrens erheblichen Verbesserungsbedarf. Besonders anzumerken ist hier, dass während der Befragung häufig Kommentare wie, „*Manipulation hinter verschlossenen Türen*" und ähnliche auf „*Intransparenz und Vetternwirtschaft*" hindeutende Kommentare fielen. Solche Aussagen, die keineswegs Einzelfälle im Laufe der Befragung waren, rücken wiederum die Vergabestellen und Planer in die Kritik. Im Umkehrschluss bedeutet das, dass bei transparenteren Verfahren vor allem Bewertungsvorgänge oder Bewertungsmatrizen, welche immerhin von 12 der 45 Befragten gewünscht wurden, vorteilhaft wären. Auf dieser Basis wäre es den Bietern nach Abschluss des Vergabeverfahrens immerhin möglich, nachzuvollziehen, woran es in ihrem Angebot letztlich gelegen hat, wenn auf diese der Zuschlag nicht erteilt wurde.

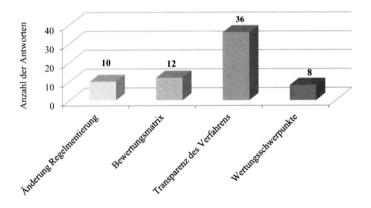

Abbildung 75: Verbesserungsvorschläge für das Vergabeverfahren im Umgang mit Nebenangeboten

Es kann somit festgehalten werden, dass eine Kombination aus zusätzlicher Transparenz des Verfahrens und besseren Bewertungsmatrizen eine gute Möglichkeit wären, das Vergabeverfahren für alle Beteiligten positiver oder zumindest nachvollziehbarer zu gestalten. Die 10 Befragten, welche sich eine Änderung bei der Reglementierung wünschen, decken sich dabei mit den Ergebnissen aus Frage 6, weshalb hier nicht näher auf diesen Punkt eingegangen wird.

Mit acht Antworten war auch eine Verbesserung von Wertungsschwerpunkten erwünscht. Um welche Schwerpunkte es sich hierbei genau handelt, wurde nicht hinterfragt. Das Ergebnis zeigt jedoch, dass auch hier Nachholbedarf besteht.

Im Rahmen der Umfrage wurde an dieser Stelle durch die Bauunternehmer immer wieder darauf hingewiesen, dass es den Vergabestellen nicht nur um den niedrigsten Preis gehen sollte. Andere Schwerpunkte abweichend vom Angebotspreis sind beispielsweise Referenzsituationen oder finanzielle Auskünfte. Es liegt nahe, dass finanziell gut aufgestellte und gut bewertete Unternehmen auf diese Kriterien mehr Wert legen, als ein erst kürzlich gegründetes Bauunternehmen, welches sich bei solchen Wertungskriterien kaum durchsetzen könnte. Die Ausgangslage für eine gute Positionierung im Vergabeverfahren wäre somit für länger am Markt platzierte Bieter grundsätzlich besser.

Die zusammenfassende Auswertung der Antworten ergibt, dass aus Sicht der Befragten die Art und Weise der Vergabe und hierbei insbesondere die Tatsache, dass die Bewertung der Angebote unter Ausschluss der Öffentlichkeit stattfindet, nicht mehr zeitgemäß sei und zudem der Förderung des freien Wettbewerbs entgegenstehen könnte.

Aus Sicht der Befragten könnten transparentere Verfahren außerdem wertvolle Erkenntnisse der Unternehmer untereinander generieren. Mithilfe einer klaren Bewertungsmatrix und Veränderungen bei der Reglementierung sind Fehler bei zukünftigen Ausschreibungen (aus Unternehmersicht) vermeidbar. Ein weiterer Vorteil der gewünschten Änderungen wäre die vollständige Offenlegung, da jede Angebotsbeurteilung hinsichtlich der Begründung der Zulassung oder Ablehnung der Angebote eingesehen werden könnten. Es ist unstritig, dass solcherlei gravierende Veränderungen im Vergabeverfahren einen höheren Arbeitsaufwand für die Vergabestellen mit sich bringen würden.

Frage 11: Sind spezialisierte Unternehmen bei der Abgabe von Nebenangeboten im Vorteil?

Um eine allgemeine Einschätzung auf die Spartenunterschiede oder auf spezialisierte Unternehmen zu erlangen, wurde Frage 11 in den Umfragebogen aufgenommen.

Die Ergebnisse in Abbildung 76 sind erwartungsgemäß eindeutig. Demnach sind 26 (76 %) von 34 Befragten der Meinung, dass eine Spezialisierung des Unternehmens vorteilhaft ist. Lediglich vier Befragte (12 %) sahen diesen Vorteil durch Spezialisierung nicht gegeben. Vier weitere Unternehmer wollten dazu keine Angaben machen. Damit fiel die Tendenz bei den Antworten eindeutig aus.

3.2 Datenerhebung als Feldversuch

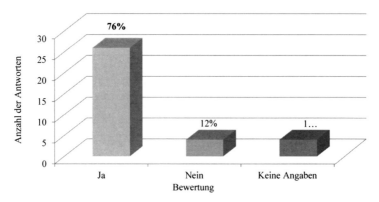

Abbildung 76: Vorteile für spezialisierte Unternehmen bei der Abgabe von Nebenangeboten

Die große Mehrheit von ca. 76 % sieht demnach einen objektiven Vorteil für Unternehmen, die eine oder mehrere Spezialisierungen aufweisen. Die Nein-Stimmen können in dieser Betrachtung, mit ca. 12 % beinahe vernachlässigt werden.

Spezialisierte Unternehmen können nach Ansicht der Befragten durch gezielte Nebenangebote in Bereichen, in denen sie spezialisiert sind, wirtschaftliche, eventuell innovative, aber garantiert qualitativ hochwertige Ergebnisse aufgrund des vorhandenen zusätzlichen Know-hows liefern und somit die erfolgversprechendsten Nebenangebote erstellen.

Ein Unternehmen, das Spezialisierungen in einem bestimmten Bereich aufweist, aber dafür in den übrigen geforderten Bereichen hinter den Erwartungen und Forderungen der Auftraggeber und Vergabestellen zurückbleibt, verspielt den erlangten Vorteil sogleich wieder. Aus Sicht der Bauunternehmer ist klar erkennbar, dass es zumindest nicht von Nachteil ist, auf einem oder mehreren Gebieten spezialisiert zu sein, um diesen Wissens- und Technikvorsprung gegenüber anderen Mitbewerbern in einem Vergabeverfahren zu nutzen, sofern das Angebot insgesamt überzeugend und wirtschaftlich für die Vergabestelle ist.

Frage 12: Welcher Faktor bei Nebenangeboten ist aus Ihrer Sicht ausschlaggebend für die Entscheidung des Auftraggebers?

Im Kontext zu Frage 7 wurden die Befragten mit der Frage 12 darum gebeten, anzugeben, welche Faktoren aus ihrer Sicht für die Auftraggeber bei Nebenangeboten grundsätzlich entscheidend sind. Hierbei waren ebenfalls wieder mehrere Antwortmöglichkeiten zugelassen (vgl. Abbildung 77).

3 Empirische Datenerhebung

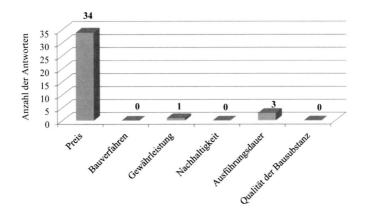

Abbildung 77: Entscheidungskriterium des Auftraggebers aus Sicht der Unternehmen

Die Befragten sind demnach mehrheitlich davon überzeugt, dass auch der Auftraggeber vorwiegend nach dem Preis entscheidet. Andere Faktoren wie: Bauverfahren, Gewährleistung, Nachhaltigkeit, Ausführungsdauer oder Qualität der Bausubstanz spielen, zumindest den ausgewerteten Antworten zufolge, lediglich eine untergeordnete aber keine entscheidende Rolle bei der Vergabe.

Die Bauunternehmen sind also der Ansicht, dass die Vergabestellen ein Angebot aufgrund der annähernd gleichen Entscheidungskriterien auswählen, aufgrund deren die Unternehmer ihrerseits Nebenangebote erarbeiten und abgeben. Diese Wahrnehmung der Auftragnehmer ist mit ca. 90 % der abgegebenen Antworten auffällig hoch.

Frage 13: Wie schätzen Sie die Sichtweise der Vergabestelle/Aufsteller auf die Abgabe von Nebenangeboten ein?

Nur die wenigsten der befragten Bauunternehmen, nämlich 7 von 32, sind davon überzeugt, dass die Vergabestellen eine positive Sichtweise auf Nebenangebote haben. Die Mehrzahl der Unternehmen geht demnach von einer eher negativen oder gar gleichgültigen Einstellung der Vergabestellen aus (vgl. Abbildung 78).

3.2 Datenerhebung als Feldversuch

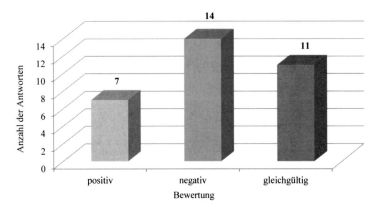

Abbildung 78: Einschätzung der Unternehmen zur Sichtweise der Vergabestellen auf Nebenangebote

Diese Außenwirkung der öffentlichen Vergabestellen auf die Bieter könnte im Ergebnis ein Indiz für die wohl offenkundig ausgeprägte „Abwehrhaltung" der Vergabestelle gegenüber Nebenangeboten sein. Volkswirtschaftlich dürfte diese Entwicklung äußerst kritisch gesehen werden, da die Gefahr der weitergehenden Reglementierung und Bedeutungslosigkeit von Nebenangeboten besteht.

Frage 14: Wie ist Ihre Tendenz für die Zukunft in Bezug auf die Abgabe von Nebenangeboten?

Das Nebenangebot ist das einzige Mittel des Bauunternehmens, alternativ auf das Vergabeverfahren mit eigenen Ideen und Vorschlägen Einfluss zu nehmen. Daher sollte mit der Frage 14 die Tendenz zur Abgabe von Nebenangeboten erfragt und bewertet werden.

Die Abbildung 79 zeigt im Ergebnis, dass auch in Zukunft das Nebenangebot gerne als Handwerkszeug durch die Mehrheit der Bauunternehmer, mit immerhin 50 % positiver Resonanz, in Anspruch genommen werden wird. Es unterstreicht damit erneut den hohen Stellenwert, welchen die Bauunternehmen dem Nebenangebot zuschreiben.

3 Empirische Datenerhebung

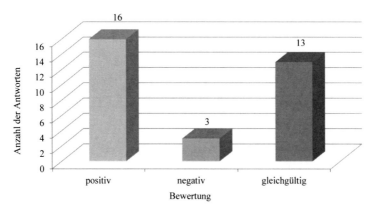

Abbildung 79: Zukunft des Nebenangebotes

Auffällig sind die 13 Antworten der Befragten, denen es nach eigenen Angaben gleichgültig war und die bei sich auch in Zukunft keine Tendenzen für das Nebenangebot sehen. Lediglich rund jeder dritte befragte Bauunternehmer sieht bei sich eine negative Tendenz und somit einen zukünftigen Verzicht auf die Abgabe von Nebenangeboten.

Auf Grundlage der Umfragedaten scheint die zukünftige Entwicklung überwiegend positiv zu verlaufen und das Nebenangebot wird weiterhin von einem Großteil der Auftragnehmer gerne wahrgenommen und bearbeitet. Diese tendenziell positive Grundaussage bildet zugleich einen guten Grundstein und Ausgangspunkt, das Nebenangebot im förmlichen Vergabeverfahren zu optimieren. Es besteht aktuell auf Unternehmerseite ein mehrheitliches Interesse an dieser Art des zusätzlichen Angebotes.

3.2.2.3 Interview

Im Rahmen der Gewinnung weiterer spezifischer Daten zum Forschungsthema konnte ein Befragter zur Durchführung eines Interviews gewonnen werden. Damit bestand die Möglichkeit, die zuvor mittels Fragebogen erhobenen und ausgewerteten standardisierten Daten datailierter und umfassender zu analysieren.

Aufgrund der ermittelten Diskrepanz zwischen der erhöhten Risikotragung bei der Abgabe eines Nebenangebots und dem ungebrochen positiven Anfertigungswillen der Befragten Bauunternehmer, wurde anhand eines Interviews mit dem Technischen Leiter eines Unternehmens erörtert, wodurch diese Risikofreudigkeit begünstigt wird. Zusätzlich sollte die langjährige Erfahrung bei der Teilnahme am förmlichen Vergabeverfahren Auskunft über die Entwicklung der Vergabestellen geben. Das befragte mittelständische Bauunternehmen mit Hauptsitz in Hessen hat weitere überregionale Niederlassungen in Deutschland und ist hauptsächlich im Schlüsselfertigbau tätig.

3.2 Datenerhebung als Feldversuch

Im Folgenden werden keine persönlichen Informationen zu leitenden Personen, anderen Mitarbeitern oder dem Unternehmen öffentlich gemacht. Generell werden von diesem Unternehmen keine Informationen über laufende Projekte an Ausschreibungsmagazine weitergeleitet. Für das Interview ist Anonymität vereinbart worden.

Aus dem Interview ging grundsätzlich hervor, dass ein qualitativ solider Anspruch an das Bauwerk selbst und eine kooperative Bindung an den Auftraggeber für einen Grundstamm an Aufträgen sorgt und damit das Unternehmerziel sicherstellt.

Bei der Frage: *„Wie sehen Sie den Faktor Risikoerhöhung bei der Abgabe von Nebenangeboten?"*, gab sich der Befragte gelassen. Es sei auch bei Abgabe des Hauptangebotes die Vertragspflicht, eine Erfüllungsfürsorge für die Bauleistung zu gewährleisten. Bei der Angebotsabgabe dürfe daher beim Risikoempfinden kein Unterschied gemacht werden, sei es ein Hauptangebot oder ein Nebenangebot. *„Die Bauleistung muss jederzeit qualitativ zu 100 % stimmen. Inhalte von Nebenangeboten werden „eins zu eins" bei Subunternehmen abgefragt und rückversichert, bevor diese angeboten werden."* Durch die Vergabe an Subunternehmern sei man deshalb bei der Gewährleistung flexibel, weil viele Mängel an diese weitergeleitet werden können. Gleichwohl versicherte der Befragte, dass bei jedem Projekt ein ausreichend großer monetärer Puffer bereitgestellt wird, um die Risikotragung zu minimieren.

Ein erfolgreiches und wirtschaftliches Bauen funktioniere, laut Angabe des Technischen Leiters, nur in einer partnerschaftlichen Zusammenarbeit zwischen dem Bauherrn, dem Auftragnehmer und den Subunternehmern. Bei Nebenangeboten kommt es im Wesentlichen auf den Inhalt und den Änderungsumfang an, wobei gerne lediglich ein Fabrikat ausgetauscht wird, um weiteren Planungsrisiken zu umgehen.

Interessante Einblicke lieferten die Antworten auf die Fragen, die sich auf die Entwicklung der Ausschreibungen der Vergabestellen bezogen. Die Meinung des Technischen Leiters dazu war eindeutig: *„Hier wird vermehrt auf „Billigheimer" gesetzt, obwohl das Projekt bekanntermaßen im weiteren Projektverlauf preisintensiver für den Auftraggeber wird. [...] Die extrem günstigen Anbieter seien spätestens bei Inanspruchnahme der Gewährleistungsarbeiten vom Markt verschwunden, so dass der Auftraggeber selbstständig Mängel beseitigen müsse."* Man betrachtet diese Entwicklung mit Sorge und ist der Meinung, dass die Sicherstellung der Qualität ein originäres Ziel der Vergabestellen bleiben sollte und nicht zu Lasten eines vermeintlich günstigen Angebotspreises gefährdet wird.

„Die Vergabestellen sollten eine bessere Planung liefern, die genau die Wünsche und Vorgaben des Bauherrn vor Projektvergabe enthält. Eine gute Planung würde demnach viele Probleme im Vorfeld beseitigen." Daher sollte der Planer der Ausschreibung mehr in die Verantwortung des wirtschaftlichen Planens einbezogen werden.

Positiv werden Anpassungen von Bewertungskriterien durch einige Vergabestellen gesehen. Diese regeln demnach nur bis zu 50 % der Vergabekriterien über den Preis. Der restliche Teil ergibt sich aus den Terminen und den wirtschaftlichen Umständen des Bieters sowie dessen Referenzen.

Das Interview zeigte außerdem, dass ein erfolgreiches Bauunternehmen langfristig denken muss und dass danach die Angebote erstellt werden sollten. Eine zu einhundert Prozent durchdachte Angebotserarbeitung macht Sinn und bringt den verdienten Erfolg. Sofern das Hauptangebot ordentlich ausgearbeitet wurde, sind die Risiken für ein Nebenangebot zwar weiterhin nicht von der Hand zu weisen, lassen sich jedoch durch eine vollumfänglich und bis zum Ende gedachte Planung „minimieren". Außerdem ist das Nebenangebot demzufolge vor allem geeignet, um eigene Baustoffe und Innovationen einzubringen, wenn es preislich von Vorteil ist.

3.2.2.4 Auswertung und Interpretation der Daten

Im Ergebnis zeigt sich, dass die Bauunternehmen eine Chancenerhöhung auf den Zuschlag durch das Nebenangebot und die sich damit eröffnende Möglichkeit der Gewinnmaximierung sowie die Unternehmensauslastung sehen. Dadurch wird der Stellenwert des Nebenangebots insgesamt im förmlichen Vergabeverfahren als wichtig, in manchen Fällen sogar als essenziell angesehen und bewertet. Nicht nur diejenigen Bieter, die ein Angebot abgeben, sondern auch sekundär (Nachunternehmer) und tertiär agierende Unternehmen (Lieferanten) profitieren von der Möglichkeit des Nebenangebotes. Somit partizipieren auch die Baustoffindustrie und andere Dienstleister, indem sie durch alternative Baustoffe und Ausführungen in das Nebenangebot mit einbezogen werden.

Generell wird durch das Nebenangebot eine Vielzahl von zusätzlichen Kombinationsmöglichkeiten für die Erstellung der Bauleistung zugelassen. Das lässt einen gewissen Spielraum, um freie Ressourcen und Innovationen auf dem Markt aktiv anzubieten. Darüber hinaus ist das Bauunternehmen durch das Nebenangebot nicht zwangsweise an die Ausführung des Aufstellers/Architekten gebunden. Dies kann zu einer enormen Erweiterung der Chancen auf der Bieterseite führen.

Auf Grundlage der ausgewerteten Daten kann festgehalten werden, dass das Nebenangebot auf der Bieterseite einen herausragenden Stellenwert im förmlichen Vergabeverfahren einnimmt. Dem entgegen gibt es aber auch Kritikpunkte, die auf den Wunsch einer Verbesserung der Ausschreibungen und der Vergabeverfahren hindeuten.

Wesentlich bleibt die Frage, ob das Nebenangebot den Wertungskriterien der Ausschreibung entspricht und, in welchem Maß ein Nebenangebot wirtschaftlich und technisch von der Vergabestelle auf Gleichwertigkeit geprüft wird. Genau hier führten die befragten Bauunternehmen aus, dass vor allem die Mindestkriterien in Ausschreibungen erweitert und gegebenenfalls standardisiert werden sollten. Mindestkriterien sollten nicht nur dem Bieter eine klare Vorgabe im Rahmen der Angebotserstellung eröffnen, sondern auch wirtschaftliche Kriterien bezogen auf die Lebenszyklusphase vorschreiben. Der Gedanke der Ausschreibung und Planung erweitert sich demnach auf die Nutzungsphase des Bauwerkes.

Durch die Erhebung wurde deutlich, dass es ein übergeordnetes Ziel der Bauunternehmen ist, einen Auftrag zu erlangen, um dadurch die verfügbaren Ressourcen des Unternehmens auszulasten, den Bestand des Unternehmens zu sichern und Gewinne zu erwirtschaften. Diesen Fokus auf größtmögliche Gewinnmaximierung für das Unternehmen zu dämpfen und den Blick der Unternehmen auf die Gesamtwirtschaftlichkeit zu lenken, kann womöglich durch die bessere Beschreibung von Mindestkriterien und einer Bewertungsmatrix erreicht werden. Auf diese Weise könnten wettbewerbsfähige Nebenangebote entstehen, die für alle Beteiligten ein zufriedenstellendes, aber vor allem das wirtschaftlichste Ergebnis erzielen.

Vergleicht man die zuvor betrachteten positiven Ergebnisse aus der Umfrage mit der tatsächlich erhöhten Risikotragung, welche durch ein Nebenangebot real auftreten kann, zeigt sich eine z. T. große Diskrepanz. Daraus folgt, dass die Bauunternehmen generell eine höhere Risikobereitschaft ausweisen, als vielleicht auf Auftraggeberseite vermutet oder gewünscht wird. Dabei könnten sich die Vergabestellen ggf. selbst einen Gefallen tun, indem sie von der strikten Reglementierung des Nebenangebotes absehen und dadurch den Freiraum für die Bauunternehmen sowie den Wettbewerb öffnen. Dies kann sich am Ende durch ein verringertes Verfahrensrisiko und niedrigere Kosten für die Vergabestelle werthaltig auszahlen.

Auf der Bieterseite wird der erhöhte Aufwand zur Erstellung von Nebenangeboten angesichts des vermeintlich sich ergebenden Zuschlagsvorteils mehrheitlich in Kauf genommen. Darüber hinaus wünschen sich die Bauunternehmen von den Vergabestellen, dass diese generell deutlicher auf Nebenangebote aufmerksam machen und das Reglement für den Umgang mit Nebenangeboten noch einheitlicher, transparenter und einfacher gestalten. Dadurch würde sich insbesondere die von Bieterseite real wahrgenommene negative Einstellung der Vergabestelle zum Nebenangebot nachhaltig und positiv verändern.

Die Erhebung zeigte außerdem, dass Nebenangebote in allen Gewerken vorstellbar sind. Insbesondere im Bereich der Rohbauarbeiten ist jedoch die Quote der abgegebenen Nebenangebote vergleichsweise am höchsten. Dies könnte ein Indiz für die Werthaltigkeit, die Erfolgschancen und die Vielfältigkeit der Nebenangebote aber auch ggf. eine mangelhafte Planung/Ausschreibung sein. Demnach können vor allem im Rohbau aktuelle Preisniveaus für Beton, Betonstahl, Stahlbetonfertigteile aber auch der Einsatz von gewerblichem Personal im Mindestlohnbereich und ausländischem Personal eine preisrelevante Rolle spielen. Vielfach hat sich in der Vergangenheit gezeigt, dass sich hierdurch eine *„Preisspirale"* zu Lasten der Qualität und Sicherheit in Gang setzen kann, da im Zuge der Preisreduzierung oft unqualifiziertes Baustellenpersonal eingesetzt wurde. Die

Vergabestellen sollten im eigenen Interesse die Plausibilität der angebotenen Preise und Nebenangebote kritisch prüfen und mit anderen Objekten vergleichen. Dies ist umso wichtiger für die Beibehaltung der in Deutschland vergleichsweise hohen Qualitäts- und Sicherheitsstandards.

Grundsätzlich kam im Rahmen der Datenerhebung zum Ausdruck, dass sich die Mehrzahl der Bauunternehmen zukünftig wieder eine Auftragsvergabe auf das wirtschaftlichste Angebot und nicht, wie in der Praxis oft üblich, auf den niedrigsten Preis wünschen. Dies entspricht dem Grundgedanken der VOB[232] und ist somit zwingend für die öffentlichen Vergabestellen vorgeschrieben.

---

[232] Vgl. § 16 VOB Teil A 2012

4 Schlussbetrachtung

4.1 Zusammenfassung

In der Bundesrepublik Deutschland gibt es für das Nebenangebot bisher nur sehr wenige aktuelle Untersuchungen. Daher soll die vorliegende Arbeit primär einen Beitrag zum besseren Verständnis und Umgang mit Nebenangeboten leisten, sowie dessen Zukunftsfähigkeit untersuchen.

Die arbeitsgegenständliche Hauptforschungsfrage untersucht demnach die Bedeutung des Nebenangebotes für Bauleistungen im förmlichen Vergabeverfahren.

Um das Thema strukturiert und umfassend zu analysieren, wurde es in mehrere Subforschungsbereiche verifiziert, die im Einzelnen wichtige Elemente der Fragestellung ausführlich darlegen.

Zu Beginn der vorliegenden Arbeit wurde im **Kapitel 1** eine Einführung in das Thema und die methodische Vorgehensweise zur Gewährleistung der Zielsetzung dargestellt.

Im **Kapitel 2** werden die theoretischen Grundlagen der Arbeit vorgestellt. Der Abschnitt 2.1 untersucht das Nebenangebot zunächst aus seiner geschichtlichen Entwicklung heraus und klassifiziert es dabei als Baustein des förmlichen Vergabeverfahrens für Bauleistungen. Demnach erlebte die geschichtliche Entwicklung des Vergabewesens in Deutschland im Jahr 1926 mit der Veröffentlichung der ersten VOB einen bedeutenden Höhepunkt, da erstmals einheitliche und verbindliche Vorgaben für das Verdingungswesen in Deutschland geschaffen wurden. Bereits in diesen einheitlichen Vergabegrundsätzen für das Deutsche Reich und die Deutschen Länder wurde die Bedeutung von Nebenangeboten erkannt und ist seitdem integraler Bestandteil der Verordnung.

Unsere Vorfahren definierten und reglementierten damals schon die Rolle des Nebenangebotes im förmlichen Vergabeverfahren für Bauleistungen und schafften somit erstmals Sicherheit für dessen sachgemäße Behandlung. Im weiteren Verlauf ist die Thematik in den folgenden Ausgaben der VOB Teil A weiterentwickelt, jedoch in Bezug auf die Ausgabe 1926 bis heute in ihrer Grundaussage nicht wesentlich verändert worden. Es konnte nachgewiesen werden, dass die Entwicklung des Nebenangebotes im direkten Zusammenhang mit der Vergabeverordnung und deren Reformierung steht.

Anschließend wird das Nebenangebot im Abschnitt 2.2 begrifflich analysiert und abgegrenzt. Das Nebenangebot erweckt demnach zunächst in seiner begrifflichen Definition eine eher unscheinbare durchaus zweitrangige oder nebensächliche Bedeutung gegenüber dem Begriff „*Angebot*", welcher sich explizit in den Fokus einer Kommunikation zwischen dem Besteller und dem Bieter stellt. Dieser Schein trügt jedoch, wenn die Bedeu-

4.1 Zusammenfassung

tung des Nebenangebotes tiefgründiger erforscht wird. Untersucht man die den Bauvertrag umgebenden rechtlichen Rahmenbedingungen, wird man hinsichtlich einer substanziellen Begriffsdefinition hier nur schwerlich fündig. Lediglich die VOB Teil A verwendet den Begriff Nebenangebot und Änderungsvorschlag. Weitere Synonyme sind Abänderungsvorschlag, Sondervorschlag, Alternative und Variante

Hinsichtlich der Charakterisierung von Nebenangeboten gibt es vielfältige Definitionsansätze. So verkörpert es im Allgemeinen ein Sub- oder Alternativangebot zum eigentlichen Hauptangebot, welches sich durch klar definierte inhaltliche Änderungen gegenüber dem Hauptangebot abgrenzt. Es geht dabei, anders als das Hauptangebot, vom Bieter aus und kann dabei auch ohne Abgabe des Hauptangebotes oder als Ergänzung oder Änderung zum Hauptangebot völlig separat dazu gemacht werden. Der Bieter ist somit Initiativträger des Nebenangebotes.

Die Abschnitte 2.3 bis 2.9 untersuchen inhaltliche Unterscheidungen, Einflüsse auf die Kalkulationsphase des Bieters, die Prüfung und Wertung, Vor- und Nachteile sowie Haftungs- und Rechtsfragen beim Umgang mit Nebenangeboten. Hierbei konnte nachgewiesen werden, dass technische Nebenangebote als monetärer Auftragsgenerierer am häufigsten abgegeben und gewertet werden. Demgegenüber spielen Nebenangebote mit nichtmonetärem Inhalt und Lebenszykluskosten bisher so gut wie keine Rolle, obwohl hier eine große volkswirtschaftliche Bedeutung klar auf der Hand liegt. Darüber hinaus neigen Bieter bei größeren Ausschreibungspaketen eher zur Abgabe von Nebenangeboten.

Einen wesentlichen Schwerpunkt der vorliegenden Arbeit bildet im **Kapitel 3** die empirische Datenerhebung zur Gewinnung aktueller Daten. Als integraler Bestandteil der Empirie ist dabei die Befragung per Fragebogen zur methodischen Sammlung und Auswertung von Daten angewandt worden. Gegenstand der Datenerhebung ist die Bedeutung des Nebenangebotes im förmlichen Vergabeverfahren für Bauleistungen in Deutschland sowohl aus Sicht der Vergabestellen als auch der Bauunternehmen. Dabei sind Daten aus Vergabeveröffentlichungen, Submissionsergebnissen sowie schriftlichen und mündlichen Befragungen methodisch gewonnen worden. Zur Generierung einer repräsentativen Analyse wurde die Erhebung überregional in der Bundesrepublik Deutschland, nämlich in den Bundesländern Freistaat Sachsen, Sachsen-Anhalt, Nordrein-Westfalen, Hessen, Freistaat Bayern, der Freien und Hansestadt Hamburg und dem Freistaat Thüringen durchgeführt.

Darüber hinaus konnte im Rahmen von Befragungen ein Mix sowohl aus kleineren als auch größeren Teilnehmern zur Mitarbeit gewonnen werden. Anhand von vordefinierten Fragebögen sind sowohl auf der Auftraggeber- als auch auf der Auftragnehmerseite strukturiert Daten erhoben worden. Die vorliegenden Daten haben durch ihre Aktualität, Breite und Fülle Aussagen zu vermeintlichen hypothetischen aber auch originären Fragestellungen des bearbeitenden Themenkomplexes gegeben.

Die empirische Datenerhebung sollte an Hand spezifizierter Fragestellungen, Aussagen und Hypothesen aus den zuvor im Kapitel 2 theoretisch diskutierten Themen überprüfen.

4.2 Ergebnisse der Arbeit

Ziel der vorliegenden Arbeit war es, das Nebenangebot im förmlichen Vergabeverfahren für Bauleistungen in Deutschland aus baubetrieblicher Sicht zu analysieren und die weitere Entwicklung prognostisch zu bewerten. Zu diesem Zweck wurden bestehende Erkenntnisse zusammenfassend aufgegriffen und im Kontext zu aktuellen Daten methodisch diskutiert und weiterentwickelt. Neben der Literaturrecherche und praktischen Berufserfahrungen hatte dabei vor allem die empirische Datenerhebung aktuelle Informationen und Ergebnisse generiert. Zusammenfassend sind zur bearbeiteten Thematik folgende wesentlichen Fragen untersucht worden:

- **Steht die Entwicklung des Nebenangebotes, geschichtlich und rechtlich gesehen, mit der VOB in Verbindung?**

Die Untersuchungen ergaben, dass das Nebenangebot als integraler Baustein eng mit der Entwicklung und Reformierung der VOB verbunden ist. Demnach enthalten sowohl die Erstausgabe der VOB von 1926 als auch die Neuauflagen der VOB das Nebenangebot und stehen somit im direkten Kontext und wechselseitiger Abhängigkeit.

Darüber hinaus wird das Nebenangebot infolge der europäischen Integration insbesondere durch Einflüsse des europäischen Vergaberechts beeinflusst und weiterentwickelt. Auswirkungen im förmlichen Vergabeverfahren aus dem s. g. „Oberschwellenbereich" lassen sich mittlerweile fast täglich im „Unterschwellenbereich", also in nationalen Vergabeverfahren, feststellen. Dies betrifft vor allem die Eingrenzung, den Ausschluss und die Reglementierung von Nebenangeboten.

Eine bedeutende „Weiterentwicklung" hat die Reglementierung des Nebenangebotes in der Rechtsprechung im Jahr 2003 erfahren, als der Europäische Gerichtshof mit der „Traunfellner-Entscheidung"[233] grundlegend in die Wertung von Nebenangeboten bei Vergabeverfahren oberhalb des Schwellenwertes[234] eingegriffen hatte. Die damit in Verbindung stehende Einführung von Mindestanforderungen für Nebenangebote führte in der Folge zur Verunsicherung sowohl auf der Auftraggeber- als auch auf der Auftragnehmerseite und im Ergebnis zu rückläufigen Bezuschlagungsquoten von Nebenangeboten.

---

[233] Vgl. EuGH Urteil vom 16.10.2003, Az. Rs. C-421/01 = BauR 2004, 563 = VergabeR 2004, 50 = ZfBR 2004, 85 = IBR 2003, 683
[234] Vgl. EU-Verordnung Nr. 2015/2170, Schwellenwert für Bauleistung beträgt 5.225.000 EUR

4.2 Ergebnisse der Arbeit

Diese Entwicklung steht jedoch der Grundaussage der VOB und dem volkswirtschaftlichen Interesse entgegen und sollte daher im Fokus der Reformierung des Vergabewesens in Deutschland und Europa stehen.

Die künftige Entwicklung des Nebenangebotes ist aus heutiger Sicht nur schwer einschätzbar und wird wohl auch von der mehr oder weniger progressiv geführten Lobbyarbeit der Bauunternehmen – als Initiativträger des Nebenangebotes – abhängen. Auf der Auftraggeberseite würde es hingegen oft genügen, den zunächst positiven Gedanken im Nebenangebot zu sehen und einen damit verbundenen Mehraufwand im Hinblick auf den generierten Vergabegewinn zu vernachlässigen oder es nicht als „Trojaner" für die Änderung des Hauptangebotes und somit des Bauvertrages voreingenommen zu klassifizieren. Damit würde es zu einer Renaissance und Aufwertung in der geschichtlichen Entwicklung des Nebenangebotes kommen und den Gedanken aus der Ur-VOB, als „*Segen der Deutschen Wirtschaft*" weitertragen.

- **Inwieweit ist das Nebenangebot aktuell als Auftragsgenerierer für die Bauunternehmen interessant und wie wird es eingesetzt?**

Die Untersuchungen und insbesondere die Analyse der Datenerhebung ergaben, dass die Bauunternehmen aktuell eine Vielzahl von Varianten nutzen, um Nebenangebote zur Verbesserung ihrer Wettbewerbschancen abzugeben. Bei der gewerkespezifischen Betrachtung im Schlüsselfertigbau werden vor allem für die Rohbauarbeiten Nebenangebote erstellt. Darüber hinaus stehen grundsätzlich Nebenangebote mit monetärem Inhalt im vordringlichen Interesse der Befragten. Gründe hierfür sind sowohl die Sicherung der Unternehmensauslastung als auch die Reduzierung des Angebotspreises zur Verbesserung der Wettbewerbschancen. Darüber hinaus steht die Gewinnmaximierung im Fokus der Bieter.

Die aktuellen Ergebnisse der empirischen Datenerhebung bestätigen ältere Untersuchungsergebnisse[235] dahingehend, dass Nebenangebote nach wie vor die Auftragschancen signifikant erhöhen können. Dabei steht die Anzahl der erstellten Nebenangebote im direkten Zusammenhang mit der Qualität der Ausschreibung, dem Vergabevolumen, der Reglementierung von Nebenangeboten und der Spezialisierung des Bieters. Insbesondere führen größere Vergabepakete respektive Losgrößen zur vermehrten Abgabe von Nebenangeboten. Darüber hinaus werden aktuell hauptsächlich technische Nebenangebote gegenüber administrativen Nebenangeboten favorisiert eingesetzt.

Ein weiteres Ergebnis der Datenerhebung sagt aus, dass im Durchschnitt die Quote der Submissionen ohne die Abgabe von Nebenangeboten deutlich über der mit Nebenange-

---

[235] Vgl. Kapitel 2: BBR-Online-Publikation, Sind Nebenangebote innovativ?, Nr. 14/2008 und Bargstädt/Grenzdörfer, Bedeutung von Nebenangeboten für die Auftragsakquisition

boten liegt. Während in der Hansestadt Hamburg quotal die meisten Nebenangebote submittiert werden, liegt der Anteil an Submissionen mit der Abgabe von Nebenangeboten im Freistaat Bayern deutlich niedriger. Dieses Ergebnis bestätigt damit eine ältere Datenerhebung des Bundesamtes für Bauwesen und Raumordnung aus dem Jahr 2008.[236] Warum die Bieter in Bayern deutlich weniger Nebenangebote als in den anderen betrachteten Bundesländern abgeben, bleibt fraglich. Das Bieterverhalten könnte jedoch ein Indiz für den restriktiven Umgang der Vergabestellen mit Nebenangeboten in Bayern sein respektive eine Tendenz ausweisen.

Nebenangebote sind für fast alle Abgrenzungskriterien und Sparten vorstellbar. Hierbei zeigte sich im Betrachtungszeitraum, dass bei der Wirtschaftlichkeitsbewertung der Bezug auf den Lebenszyklus und die Nachhaltigkeit so gut wie keine Rolle spielten. Dies ist umso erstaunlicher, als dass sich in diesen Fragen nachweislich enorme Kosteneinsparungen generieren lassen, da die höchsten Kosten z. B. bei einer Immobilie in der Nutzungsphase entstehen und somit ein werthaltiges Nebenangebot ergeben würde. Ein Grund für die zurückhaltende Betrachtung und Einrechnung dieser Kosten in Nebenangebote könnte vor allem in der Unsicherheit mit der Materie sowie in der latenten Angst der Bieter vor der Nichtwertung durch die Vergabestelle sein. Um Abhilfe zu leisten und den volkswirtschaftlichen Nutzen derartiger und auch nicht monetärer Nebenangebote zu generieren, sollten diese Nebenangebote stärker in den Fokus der Vergabevorschriften rücken und Bestandteil zukünftiger Reformierungen sein. Die von den Befragten angemahnte Verbesserung der Vergabeverfahren könnte mit der Einführung von „transparenten" Bewertungsmatrizen und spezifischen bauseitigen Vorgaben im Leistungsverzeichnis gewährleistet werden. Hierdurch würde sich die Quote abgegebener und gewerteter Nebenangebote tendenziell spürbar erhöhen.

In europäischen Vergabeverfahren ergab sich eine vergleichsweise rückläufige Entwicklung hinsichtlich der Zulassung, der Abgabe und der Wertung von Nebenangeboten. Dies hängt insbesondere von der ausgeprägten rechtlichen Reglementierung von Nebenangeboten ab und stößt bei den Bietern auf breites Unverständnis und stetiger Frustration.

Um innovative Nebenangebote zu fördern, sollten daher Mindestanforderungen und Leistungsverzeichnisse in den Vergabeunterlagen nicht zu restriktiv formuliert werden. Anforderungskriterien sollten demnach vorrangig die erforderliche Funktion möglichst „offen" ansprechen, um grundsätzlich genügend Spielraum für den Bieter zu schaffen. Darüber hinaus würde die Aufstellung einheitlicher Standards und Handlungsanweisungen zur Bewertung der Nebenangebote mehr Sicherheit und Transparenz für alle Beteiligten

---

[236] Vgl. BBR-Online-Publikation, Sind Nebenangebote innovativ?, Nr. 14/2008

bringen und somit die Quote der bezuschlagten Nebenangebote erhöhen. Dies wäre volkswirtschaftlich gesehen gewinnbringend, da bisher „brachliegende" Ressourcen werthaltig erschlossen würden.

- **Wie stehen die öffentlichen Vergabestellen aktuell zum Umgang mit Nebenangeboten?**

Die Untersuchungen ergaben, dass aufgrund der immer komplexer werdenden Wertung von Nebenangeboten diese bei europäischen Vergabeverfahren nur noch ausnahmsweise oder versehentlich zugelassen werden. Außerdem wurde von den Vergabestellen die Gefahr gesehen, dass durch die Zulassung und die Bezuschlagung von Nebenangeboten die Zahl der Vergabebeschwerden zunehmen könnte. Diese Hypothese ist jedoch anhand der Ergebnisse der Datenanalyse widerlegt worden. Demnach ist die Zulassung und Wertung von Nebenangeboten, infolge des BGH-Urteils zur Einführung von Mindestkriterien, bei europäischen Vergabeverfahren insbesondere seit 2013 rückläufig.

Hinsichtlich der durch Nebenangebote oft initiierten Risiko- und Haftungsverschiebung zum Bieter, ergibt sich für den Auftraggeber ein wesentlicher Vorteil, den er jedoch auf Grund fehlender Bewertungskriterien meist ungenutzt lässt.

Im Ergebnis der Datenerhebung aus veröffentlichten Submissionsergebnissen und Vergabeentscheidungen im Bereich nationaler Vergabeverfahren in den Bundesländern Sachsen-Anhalt und Freistaat Sachsen, lag die Zulassungsquote von Nebenangeboten im Durchschnitt bei ca. 66 %. Dagegen ist im Rahmen der durchgeführten spezifischen Einzelbefragung von größeren Vergabestellen eine durchschnittliche Zulassungsquote von ca. 96 % angegeben worden. Eine ähnliche Tendenz ergab sich in Bezug auf die Bezuschlagungsquoten von Nebenangeboten, jedoch im reziproken Verhältnis zur Zulassungsquote. Hieraus könnte abgeleitet werden, dass vor allem größere Vergabestellen den Umgang mit Nebenangeboten nicht so restriktiv gestalten und eher progressiv entgegenstehen.

In der Praxis werden zunehmend die innovativen Effekte und wirtschaftlichen Vorteile von Nebenangeboten, im Sinne von so genannten Nachtragsangeboten des Auftragnehmers, in den Zeitraum nach Vertragsschluss bewusst verlagert. Damit soll das vermeintliche Risiko einer verzögerten Vergabe mit Auswirkungen auf Bauzeit und Preis ausgeschlossen werden.

In den europäischen Vergabeverfahren werden Nebenangebote zunehmend nicht mehr zugelassen, bei den nationalen Verfahren sind sie zwar überwiegend zugelassen, werden aber kaum bezuschlagt oder werden in der Phase der Wertung ausgeschlossen. Gründe für die restriktive Behandlung von Nebenangeboten könnten in der nicht vorhandenen Kapazität von fachlich geschultem Personal in den Bauverwaltungen liegen. Die Mindestanforderungen, die in den Verdingungsunterlagen angemessen beschrieben werden müssen, stellen höchstwahrscheinlich in vielen Bauverwaltungen ein Problem für die

Mitarbeiter dar. Daraus resultiert dann auch die Angst vor Vergabebeschwerden von nicht berücksichtigten Bietern. Dieses Ergebnis der aktuellen Datenerhebung bestätigt damit ältere Untersuchungen[237] und zeigt auf, dass sich in dieser Frage tendenziell keine Verbesserung ergeben hat.

Entgegen diesem Trend gibt es natürlich auch viele Vergabestellen, die den vermeintlichen Aufwand bei Nebenangeboten nicht scheuen sowie die wirtschaftlichen und vertragsrechtlichen (z. B. Verlagerung des Verfahrens- und Mengenrisikos zum Bieter) Vorteile nutzen wollen. Die Datenerhebung zeigt, dass hierbei vor allem technische Nebenangebote mit einer Verbesserung der Qualitäten, der Verfahren und reduzierten Herstellkosten von den befragten Vergabestellen favorisiert werden. Dagegen werden Nebenangebote mit einer Verkürzung der Bauzeit und kaufmännischem Inhalt regelmäßig nicht gewünscht und beauftragt.

Zusammenfassend bleibt festzustellen, dass es nach nunmehr fast 100 Jahren VOB, einer Harmonisierung und den Willen zur Reformation in Bezug auf den Umgang mit Nebenangeboten bedarf, damit einem Abgleiten in bloße juristische Auseinandersetzungen sowie weitergehenden behördlichen Reglementierungen progressiv und volkswirtschaftlich gewinnbringend entgegen gewirkt wird. Dabei sollte der Grundgedanke einer partnerschaftlichen Zusammenarbeit, zwischen der Vergabestelle einerseits und dem Bieter andererseits, die tragende Säule im förmlichen Vergabeverfahren für Bauleistungen in Deutschland sein.

Auf dieser Grundlage stellt die Arbeit, einen Beitrag zum besseren Verständnis beim Umgang mit Nebenangeboten dar und beweist deren außerordentliche volkswirtschaftliche Bedeutung im förmlichen Vergabeverfahren.

4.3 Ausblicke

Die Ergebnisse der vorliegenden Arbeit lassen auf eine breite Innovationsbereitschaft und wirtschaftliches Innovationspotenzial vor allem bei qualifizierten Bietern schließen, welche durch die Bezuschlagung von Nebenangeboten durch die öffentlichen Vergabestellen genutzt werden könnten und sollten.

Im volkswirtschaftlichen Interesse liegt es, das Reglement für den sicheren Umgang mit Nebenangeboten durch Gesetze und Vorschriften oder Richtlinien weiterzuentwickeln und neu zu definieren.

Es müssen nicht immer neue restriktive Gesetzesvorlagen erfunden oder Gesetze angepasst werden, in einigen Fällen genügen hingegen schon kleiner Eingriffe in bestehende Verwaltungsvorschriften. Möglich wäre unter anderem die verbindliche Einführung einer

---

[237] Vgl. Wanninger, Haben Nebenangebote noch Zukunft?

4.3 Ausblicke

begründeten schriftlichen Dokumentationspflicht bei jedem öffentlichen Vergabeverfahren in Deutschland, warum Nebenangebote nicht zugelassen werden sollen oder warum der Preis als alleiniges Wertungskriterium herangezogen werden soll. Allein dieser restriktive Mehraufwand bei der Dokumentationspflicht wäre u. U. geeignet, ein Umdenken bei den einzelnen öffentlichen Vergabestellen und Sachbearbeitern nachhaltig zu initiieren.

Zur Erschließung von potentiellen Vorteilen, die sich für den öffentlichen Auftraggeber aus der Risikoverschiebung zum Bieter ergeben und der bisher ungenutzten Betrachtung der Lebenszykluskosten eines Bauwerks, sollten umgehend verbindliche Kriterien für die Bewertung von Nebenangebote festgelegt werden.

Eine weitere „Baustelle" ist bekanntlich der rechtssichere Umgang mit Nebenangeboten und die damit in Verbindung stehende latente Angst der Vergabestelle vor Nachprüfverfahren. Gezielte Schulungs- und Fortbildungsmaßnahmen für die Mitarbeiter in den öffentlichen Vergabestellen könnten dazu dienen, den Umgang mit Nebenangeboten besser kennen zu lernen und das nachweislich fest sitzende „Negativimage" gegenüber dem Nebenangebot abzubauen.

Geeignete Mindestanforderungen und transparenten Bewertungsschemata für Nebenangebote würden die Verfahren vereinfachen. Darüber hinaus könnte der Zeitraum für mögliche Nachprüfverfahren regulär in das Vergabeverfahren integriert werden, um Forderungen, z. B. aus der verzögerten Vergabe, entgegenzuwirken.

Da die Zulassung und Wertung von Nebenangeboten definitiv mit einem Mehraufwand verbunden ist, könnte darüber hinaus eine Erhöhung der Personalkapazität, verbunden mit Qualifizierungsmaßnahmen, prognostisch zu einer vermehrten Zulassung von Nebenangeboten führen. Im Weiteren wäre auch das altbewährte Mittel der Einführung von Bonusregelungen für Mitarbeiter in den Bauverwaltungen zweckdienlich, um den vorliegenden volkswirtschaftlichen Nutzen von Nebenangeboten zu heben.

In den letzten Jahren hat erfreulicherweise auch die Anzahl an durchgeführten Bietergesprächen, vor allem bei größeren Vergabestellen, stetig zugenommen. Es sollte zügig in den Gremien (z. B. DVA) über eine Vorschrift zur zwingenden Durchführung von Bietergesprächen, bei Abgabe von Nebenangeboten befunden werden, da auch das Bietergespräch zum gegenseitigen Verständnis der zukünftigen Vertragspartner beitragen kann, vor allem wenn infolge missverständlicher Deutungen Nebenangebote ansonsten ausgeschlossen würden.

Als dritter „*Baustein*" der vorausschauenden Betrachtungen, sollte die Verbesserung der Zusammenarbeit der am Bau beteiligten Parteien reformiert werden. Im s. g. „Neudeutsch" braucht es hier sicherlich eine Win-Win-Strategie. Dies ist im Verhältnis Auftraggeber/Auftragnehmer anzustreben und für den Projekterfolg unumgänglich. Die aktuell politisch zu Recht propagierte neu zu belebende Dialogkultur, der fairen partnerschaftliche Zusammenarbeit der Vertragsparteien („Fair Business") steht damit im direkten Kontext und wird mit entscheidend für die Zukunft des Nebenangebotes als Baustein des förmlichen Vergabeverfahrens für Bauleistungen in Deutschland sein.

Sollte hingegen die restriktive Rechtsprechung hinsichtlich der Nebenangebote Bestand haben und bleibt eine Gegenreaktion des Gesetzgebers in Form von Richtlinien und personellen Maßnahmen aus, werden Nebenangebote zukünftig keine Rolle mehr spielen. Dies wäre nicht nur volkswirtschaftlich bedauerlich sondern würde den Weg für zukunftsweisende Innovationen versperren.

Da Bauwerke aufgrund ihrer spezifischen Bauleistung einen Unikatcharakter besitzen, haben wir es bei den Inhalten von Nebenangeboten mit einer sehr komplexen Materie zu tun. Es wird daher auch zukünftig schwierig zu bewerkstelligen sein, alle Möglichkeiten in eine Vorschrift oder Handlungsanweisung zu bündeln. Dennoch sollte das Nebenangebot, aufgrund seiner enormen volkswirtschaftlichen Bedeutung und vor dem Hintergrund der weitergehenden europäischen Integration eine tragende Säule im Prozess der Weiterentwicklung des förmlichen Vergabewesens in Deutschland sein.

Sicherlich wäre es zweckdienlich und interessant, wenn sich zukünftige Forschungsarbeiten der Fragestellung des Nebenangebotes im Bereich des privaten bauwirtschaftlichen Vergabewesens widmen würden, um hier ggf. abweichende Verfahrensmuster und Strategien festzustellen. Dies könnte nützliche Aussagen für das förmliche Vergabeverfahren generieren.

Darüber hinaus sollten von behördlicher Seite „flächendeckende" Daten in allen öffentlichen Bauverwaltungen zum Thema erhoben und veröffentlicht werden. Die hierbei gewonnenen Erkenntnisse können die Grundlage sein, das förmliche Vergabeverfahren weiter zu entwickeln.

Literaturverzeichnis

Allgemeine Bauzeitung (2015), Patzer Verlag, Berlin

Bargstädt, H.-J.; Grenzdörfer, G. (2007), Bedeutung von Nebenangeboten für die Akqusitionsphase, Werner-Verlag, Köln

Belke, A. (2010), Vergabepraxis für Auftraggeber, Springer-Verlag, Heidelberg

Biesenbach, M. (2015), Das Nebenangebot im VOB-Vergabeverfahren, Diplomarbeit am Institut für Baubetriebswesen der Technischen Universität Dresden

Dieckert, U.; Osseforth, T. (2014), VOF und VOB Teil A Vergabepraxis bei Bau- und Planungsleistungen, WEKA MEDIA, Kissing

Dähne, H.; Schelle, H. (2001), VOB von A-Z, Verlagsgesellschaft Müller, Köln

Frankenstein, F. (2004), Wörterbuch zum Baurecht, Werner Verlag, Düsseldorf

Henning. K. (2015), Gabler Wirtschaftslexikon, Springer-Verlag, Wiesbaden

Gemeindeprüfungsanstalt Baden-Württemberg (2004), Zulassung und Wertung technischer Nebenangebote nach VOB, Karlsruhe

Heiermann, W.; Franke, H.; Knipp, B. (2010), Vergabe von Bauleistungen, FATA MORGANA Verlag, Berlin

Heiermann, W.; Riedl, R.; Rusam, R. (2007), Handkommentar zur VOB, Springer-Verlag, Berlin

Hoffmann. M. (2009), Nebenangebote im Bauwesen, Springer-Verlag, Aachen

Hofmann, G.(1983), Nebenangebote im Bauwesen, Band 8, Verein für Bauforschung und Berufsbildung des Bayrischen Bauindustrieverband e.V., München

Hofmann, G. (1977), Rundschreiben des Bundesministers für Verkehr vom 04.03.1977, Az. StB 12/16/70, 18/120 10 Vms 77, Bonn

Kapellmann, K.; Messerschmidt, B. (2007), VOB Teile A und B, 2. Auflage, Verlag C. H. Beck, München

Kratzberger, R.; Leupertz, S. (2013), VOB Teile A und B Kommentar, 18. Auflage, Werner Verlag, Düsseldorf

König, R. (1973), Grundlegende Methoden und Techniken in der empirischen Sozialforschung, 2. Auflage, Enke Verlag, Stuttgart

Leinemann, R.; Maibaum, T. (2012), BGB-Bauvertragsrecht und neues Vergaberecht, Bundesanzeiger Verlag, Köln

Leinemann, R.; Weihrauch, O. (1999), Die Vergabe öffentlicher Aufträge, Broschüre, 1. Auflage, Carl Heymanns Verlag, Köln

Marbach, P. (1999), Festschrift für Vygen, 1. Auflage ‚Werner-Verlag, Düsseldorf

Motzke, G.; Pietzcker, J.; Prieß, H.-J. (2001), Beck`scher VOB-Kommentar, Verlag C. H. Beck, München

Nawrath, J. (1983), Nebenangebote im Bauwesen, Band 8, Verein für Bauforschung und Berufsbildung des Bayerischen Bauindustrieverbandes, München

Noch, R. (2005), Vergaberecht kompakt, 3. Auflage, Werner-Verlag, Düsseldorf

Puche, M. (2011), AVA-Praxis, Bauwerk Verlag, München

Quapp, U. (2009), Öffentliches Baurecht von A-Z, Bauwerk-Verlag, München

Reidt, O.; Stickler, T.; Glahs, H. (2003), Vergaberecht Kommentar, 2. Auflage, Verlag Dr. Otto Schmidt, Köln

Schalk, G. (2007), Nebenangebote im Bauwesen, Dissertation an der Juristischen Fakultät der Universität Augsburg

Schkade, K. (2015), Das Nebenangebot im VOB-Vergabeverfahren aus Sicht öffentlicher Bauherren in Deutschland, Diplomarbeit am Institut für Baubetriebswesen der Technischen Universität Dresden

Schmidt-Breitenstein, U. (1983), Nebenangebote im Bauwesen, Verein für Bauforschung und Berufsbildung des Bayerischen Bauindustrieverbandes, München

SES Schrader, E. (2013), Baurechtsbrief, Berlin

Sächsisches Staatsministerium des Innern (2008), Leitfaden des Sächsisches Staatsministerium des Innern: Hinweise zur Vergabe öffentlicher Aufträge im kommunalen Bereich, Dresden

Schweda, R. (2003), VergabeR 3/2003, Zeitschrift für das gesamte Vergaberecht, Verlag C. H. Beck, München

Straße und Autobahn (2010), Ausgabe Juni 2010, Kirschbaum Verlag, Bonn

Vergabehandbuch des Bundes (2008), Formblatt 211, Aufforderung zur Abgabe eines Angebotes, Beuth-Verlag, Berlin

Vergabehandbuch des Bundes (2008), Formblatt 227, Gewichtung der Zuschlagskriterien, Beuth-Verlag, Berlin

Vergabehandbuch des Bundes (2008), Richtlinien zu 321 Nr. 2.3.2, Beuth-Verlag, Berlin

Vergaberechtsreport (2000), Ausgabe März 2000, Ernst Vögel Verlag, Stamsried

VOB aktuell (2016), DIN und DVA, Beuth-Verlag, Berlin

VOB Gesamtausgabe (1926 bis 2012), Beuth-Verlag, Berlin

Wanninger, R. (2007), Haben Nebenangebote noch Zukunft?, Institut für Bauwirtschaft und Baubetrieb, Technische Universität Braunschweig

Werner, U.; Pastor, W. (2010), HOAI Verordnung über Honorare für Leistungen der Architekten und der Ingenieure, 28. Auflage, Verlag C. H. Beck, Köln

Werner, U.; Pastor, W.; Müller, K. (2006), Baurecht von A-Z, Verlag C. H. Beck, Köln

Weyand, R. (2007), Vergaberecht, Praxiskommentar zu GWB, VgV, VOB Teil A, VOL, VOF, 2. Auflage, Verlag C. H. Beck, Köln

Normen, Regelwerke, Gesetze und Richtlinien

BGB, Bürgerliches Gesetzbuch, 1900, 2002

BHO, Bundeshaushaltsordnung vom 19. August 1969, (die zuletzt durch Artikel 2 des Gesetzes vom 15. Juli 2013 geändert worden ist)

Beschluss OLG Naumburg vom 23.02.2012, Az: 2 Verg 15/11

DIN EN ISO 9000   Prozessorientierter Ansatz

DIN 69901-5 (2009), Projektmanagementsysteme Teil 5

EuGH Urteil vom 16.10.2003, Az. Rs. C-421/01

GWB, Gesetz gegen Wettbewerbsbeschränkungen in der Fassung der Bekanntmachung vom 26. Juni 2013 (BGBl. I S. 1750, 3245), (das zuletzt durch Artikel 3 des Gesetzes vom 15. April 2015 (BGBl. I S. 578) geändert worden ist)

HGrG, Haushaltsgrundsatzgesetz vom 19. August 1969, (das zuletzt durch Artikel 1 des Gesetzes vom 15. Juli 2013 geändert worden ist)

HOAI, Verordnung über die Honorare für Architekten- und Ingenieurleistungen vom 10.07.2013

OLG München, 29.10.2013, Az.: Verg 11/13

RBBau, Richtlinie für die Durchführung von Bauaufgaben des Bundes; Stand 12. Januar 2015

RSTO, Richtlinie für die Standardisierung des Oberbaus von Verkehrsflächen, Ausgabe 2012

SektVO, Sektorenverordnung vom 23. September 2009, die zuletzt durch Artikel 7 des Gesetzes vom 25. Juli 2013 geändert worden ist.

SächsVergabeG, Gesetz über die Vergabe öffentlicher Aufträge im Freistaat Sachsen vom 14.02.2013

Verordnung (EU) Nr. 1336/2013, Schwellenwert für Bauleistung

VgV, Vergabeverordnung in der Fassung der Bekanntmachung vom 11. Februar 2003, (die zuletzt durch Artikel 1 der Verordnung vom 15. Oktober 2013 geändert worden ist)

VHB, Vergabe- und Vertragshandbuch für die Baumaßnahmen des Bundes (VHB 2008), zuletzt aktualisiert August 2014

VOB, Vergabe- und Vertragsordnung für Bauleistungen, Im Auftrag des Deutschen Vergabe- und Vertragsausschusses für Bauleistungen herausgegeben vom DIN

VK Bund, Beschluss vom 13.12.2013 – VK 1-111/13

Internet

www.baunetz.de

www.bausuchdienst.de/expertenwissen

www.bbr.bund.de

www.bbsr.bund.de

www.bmub.bund.de

www.bmwi.de

www.bmvi.de

www.dtad.de

www.din.de

www.e-pub.uni-weimar.de

www.europa.eu

www.fm-die-moeglichmacher.de

www.gesetze-im-internet.de

www.ibr-online.de

www.ihk-berlin.de

www.infobau-muenster.de

www.kommunale-verwaltung.sachsen.de

www.Leinemann-Partner.de

www.vergabe24.de

www.vergabe.sachsen.de

www.vob-online.de

www.vergabeblog.de

www.vivis.de

www.wiwi.uni-wuppertal.de

Anlagenverzeichnis

Anlage 1: Submissionsergebnisse in Sachsen..159

Anlage 2: Vergabemeldungen in Sachsen..161

Anlage 3: Fragebogen zur Datenerhebung bei Vergabestellen..........................163

Anlage 4: Fragebogen zur Datenerhebung bei Bauunternehmen.......................167

Anlage 1

Anlage 1: Submissionsergebnisse in Sachsen (beispielhafter Auszug)

Position	Summe	Prozent-satz	Bieterge-meinschaft	ID Bieter	Bieter	PLZ Bieter	Ort Bieter	Ingenieur	Bindefrist	Nachlass	Bemerkung	Anmerkung
1	260752	100%		4021881	Hermann Neitsch Nat	2733	Cunewalde		29.01.2014		3NA	
2	265434	101%		4028032	Ebersbacher Straßen	2730	Ebersbach-Neuger		29.01.2014			
3	289771	107%		5006057	STL Bau GmbH & Co	2708	Löbau		29.01.2014	3%	2NA	
4	340678	124%		6115960	Kamenzer Ingenieur-	1936	Königsbrück		29.01.2014	5%		
5	381311	146%		6018440	KÖNIGBAU GmbH	1723	Kesselsdorf		29.01.2014			
6	388830	149%		4043575	Hentschke Bau GmbH	2625	Bautzen		29.01.2014			
7	416330	159%		4013629	MONTRA Bau- und D	4874	Belgern		29.01.2014			
8	444960	167%		5001276	BTOe - Bergbau und	9376	Oelsnitz		29.01.2014	2%		
9	448192	171%		4014006	Kleber-Heisserer Bau	1744	Dippoldiswalde		29.01.2014			
1	260999	100%		4014515	Jens Hausdorf Steins	1561	Kleinnaundorf	Landschafts-/	30.01.2014			Angebotssummen n
2	268734	102%		4063753	STRABAG AG	1129	Dresden	Landschafts-/	30.01.2014		2NA	Angebotssummen n
3	271969	104%		5019460	Wolfgang Hausdorf	1561	Dobra	Landschafts-/	30.01.2014			Angebotssummen n
4	278908	106%		6039924	H Nestler GmbH & C	1257	Dresden	Landschafts-/	30.01.2014			Angebotssummen n
5	279166	106%		5012089	Frauenrath Bauunter	1900	Bretnig-Hauswalde	Landschafts-/	30.01.2014			Angebotssummen n
6	280336	107%		6115960	Kamenzer Ingenieur-	1936	Königsbrück	Landschafts-/	30.01.2014			Angebotssummen n
7	282723	108%		6004983	Böhme GmbH	1728	Possendorf	Landschafts-/	30.01.2014			Angebotssummen n
8	294509	112%		5036661	WeBer Bau GmbH	1558	Großenhain	Landschafts-/	30.01.2014			Angebotssummen n
9	306351	117%		4014003	Dohnert Hoch- Tief-	1737	Kurort Hartha	Landschafts-/	30.01.2014			Angebotssummen n
10	307337	117%		4018321	Saule GmbH Dresden	1259	Dresden	Landschafts-/	30.01.2014			Angebotssummen n
11	308227	118%		6148981	Baustein Meißen Gm	1662	Meißen	Landschafts-/	30.01.2014		1NA	Angebotssummen n
12	311232	119%		4047774	Teichmann Bau Gmb	1723	Wilsdruff	Landschafts-/	30.01.2014			Angebotssummen n
13	316859	121%		5041991	LLB GmbH	1257	Dresden	Landschafts-/	30.01.2014			Angebotssummen n
14	318407	121%		6199800	Bau Germania	0	xxxxx	Landschafts-/	30.01.2014			Angebotssummen n
15	318767	122%		4018141	Uhlich Bau GmbH &	9217	Burgstädt		31.01.2014	2%		Angebotssummen n
16	325288	124%		6034163	Schmidtgen Hoch- u	1623	Lommatzsch		31.01.2014	2%		Angebotssummen n
17	331355	126%		4018291	Barthel Sportanlagen	4860	Großwig		31.01.2014	3%		Angebotssummen n
1	23402	100%		6194406	CTI Connect Tief- und	8134	Wildenfels		31.01.2014			Angebotssummen n
2	29478	125%		6020347	Jörg Schatz Garten-	8412	Werdau		31.01.2014		1NA	Angebotssummen n
3	30830	131%		6010846	Fachcenter Garten +	8468	Hauptmannsgrün		31.01.2014		1NA	Angebotssummen n
4	34113	142%		6127243	Tirschmann und Rohr	8373	Remse		31.01.2014	2%		Angebotssummen n
5	34816	145%		4013448	KSS Tief- und Hochb	8066	Zwickau		31.01.2014	2%		Angebotssummen n
6	35705	147%		5002975	Volkram Lechner Gar	8428	Langenbernsdorf		31.01.2014	3%		Angebotssummen n
7	35374	151%		4014576	Röscher & Partner G	8115	Lichtentanne		31.01.2014			Angebotssummen n
8	36675	151%		3314231	Straßenbaugesellsch	7973	Greiz		31.01.2014	3%		Angebotssummen n
9	36652	153%		6194760	Nitsche	8261	Schöneck		31.01.2014	2%		Angebotssummen n
10	38137	158%		4018176	Hoch- und Tiefbau Gr	8058	Zwickau		31.01.2014	2,5%		Angebotssummen n
11	40036	165%		6033732	Wittig GmbH	8058	Zwickau		31.01.2014	3%		Angebotssummen n
12	40424	172%		6087639	PE Pflasterbau GmbH	8289	Schneeberg		31.01.2014			Angebotssummen n
13	41016	175%		4017862	HELI Transport und S	4626	Schmölln		31.01.2014			Angebotssummen n
14	41898	179%		4026521	VSTR GmbH	8228	Rodewisch		31.01.2014			Angebotssummen n
15	42652	182%		4018156	Baumschule Hohenst	9337	Hohenstein-Ernstth		31.01.2014			Angebotssummen n

Anlage 2

Anlage 2: Vergabemeldungen in Sachsen (beispielhafter Auszug)

ObjNr	Objekt	PLZ Bauort	Bauort	Land	Baubeginn	Sparten	Bausumme	ID Bieter
1159395	Ausbau B180 OD Dittmannsdorf 2. BA	9629	Dittmannsdorf	D	01.08.2013	Straßenbau, Kanalbau, Pflaste	5.475.876,00	4010669
1159395	Ausbau B180 OD Dittmannsdorf 2. BA	9629	Dittmannsdorf	D	01.08.2013	Straßenbau, Kanalbau, Pflaste	5.475.876,00	4010669
1160286	S 289 Verl. nördl. Werdau, Los 3	8412	Werdau	D	13.05.2013	Straßenbau, Brückenbau, Stut	7.656.239,00	4011116
1160286	S 289 Verl. nördl. Werdau, Los 3	8412	Werdau	D	13.05.2013	Straßenbau, Brückenbau, Stut	7.656.239,00	4011116
1189382	NB Fußweg zw. Talgasse und Pfarrgasse	4442	Zwenkau	D	07.10.2013	Pflasterarbeiten, Kanalbau, Str	36.311,00	6033938
1192413	Erneuerung TW-Leitung Talstr. 2.BA OT Rotschau	8468	Reichenbach	D	22.04.2013	Druckrohr/Gas/Wasser	107.976,00	4013939
1207709	Ausbau S 43 2. BA S 43 alt/Radweg OA Waldsteinbe	4821	Brandis	D	02.09.2013	Straßenbau, Erdarbeiten, Durc	146.707,00	5023031
1216678	Grundhafter Ausbau B 6 Siebeneichener Str., Los 3	1662	Meißen	D		Straßenbau, Pflasterarbeiten	5.784.928,00	4026513
1207030	Sanierung Mengsstr.	1139	Dresden	D	03.06.2013	Straßenbau, Kanalbau	639.025,00	4022627
1207034	Reparatur Königsbrücker Str. 4. BA nördl. Abschnitt	1099	Dresden	D	05.08.2013	Straßenbau, Pflasterarbeiten	90.133,00	5005071
1207036	Ern. der Stutzwand i. Z. Wachwitzer Bergstr. 5 - 11	1326	Dresden	D	08.04.2013	Stutzmauer/-wand, Erdarbeiter	983.127,00	5021834
1207907	Kanalauswechslung Siedlung	9465	Sehmatal-Cranza	D	05.08.2013	Kanalbau, Druckrohr/Gas/Was	316.784,00	4011115
1211164	Komplexer Tiefbau u. Gleisbau Bahnhof-, Georg- u. Mai	9111	Chemnitz	D	11.03.2013	Straßenbau, Kanalbau, Druckr	3.494.846,00	6076558
1217612	Straßen-/Kanalbau Thomas-Müntzer-Str. OT Zitzschen	4442	Zwenkau	D	04.03.2013	Straßenbau, Kanalbau, Pflaste	242.496,00	6034268
1217653	Gleisbau Bautzner Str. - 3. Abschn. - Radeberger Str. b	1324	Dresden	D	22.02.2013	Gleisbau, Straßenbau, Fugen-	1.677.532,00	4022627
1217653	Gleisbau Bautzner Str. - 3. Abschn. - Radeberger Str. b	1324	Dresden	D	22.02.2013	Gleisbau, Straßenbau, Fugen-	1.677.532,00	4022627
1217653	Gleisbau Bautzner Str. - 3. Abschn. - Radeberger Str. b	1324	Dresden	D	22.02.2013	Gleisbau, Straßenbau, Fugen-	1.677.532,00	4022627
1218487	Verlegung S 289 - Los 1 - Strecke u. BW 02 u. 03	8459	Neukirchen	D	10.06.2013	Straßenbau, Brückenbau, Kan	9.245.530,00	4046643
1218487	Verlegung S 289 - Los 1 - Strecke u. BW 02 u. 03	8459	Neukirchen	D	10.06.2013	Straßenbau, Brückenbau, Kan	9.245.530,00	4046643
1218489	S 289 Verlegung Neukirchen - Los 2 - NB BW 1	8459	Neukirchen	D	04.03.2013	Brückenbau, Erdarbeiten, Pfah	4.491.998,00	4013861
1218491	Verlegung S 289 - Los 3 - Neubau BW 4 + 5	8459	Neukirchen	D	27.04.2013	Brückenbau, Erdarbeiten, RRB	7.745.321,00	4043575
1218492	Verlegung S 289 Werdau-Neukirchen 1. BA	8459	Neukirchen	D	15.07.2013	Fräsarbeiten, Straßenbau, Sch	397.600,00	4026521
1220433	Ausbau B 101 OU Krögis, Los 5	1665	Käbschütztal	D		Erdarbeiten, Straßenbau, Fräs	2.645.427,00	6033729
1221212	NB Elberadweg zw. Am Fährhaus u. Stadtgrenze	1156	Dresden	D	01.07.2013	Straßenbau, Pflasterarbeiten	102.217,00	4028052
1221213	NB Elberadweg zw. Loschwitzer Elbebrücke u. Körner	1326	Dresden	D	29.07.2013	Straßenbau, Pflasterarbeiten	235.598,00	4063928
1221789	NB Ortsentwässerung Pennrich, 1. BA	1156	Dresden	D	16.09.2013	RRB / RUB in Betonbauweise	866.608,00	4047774
1221791	Neubau RÜB Bodenitzer Str. OT Mockritz	1217	Dresden	D	22.07.2013	Kanalbau, RRB / RÜB in Beto	228.527,00	5012089
1221957	Auswechslung MW-Kanal Ermischstr.	1067	Dresden	D	18.03.2013	Kanalbau, Schächte/Abdecku	196.368,00	4069031
1235661	SW-Erschließung OT Marbach BA 2013	9661	Striegistal	D	08.08.2013	Kanalbau, Druckrohr/Gas/Was	0,00	4043113
1225689	TW-/SW-Erschließung Rosensporthalle	2906	Niesky	D	15.07.2013	Kanalbau, Druckrohr/Gas/Was	59.623,00	6032196
1230220	S 38 NB OU Wermsdorf - Los 5 1.- NB BW 2 und BW 3	4779	Wermsdorf	D		Erdarbeiten, Brückenbau, Stra	1.439.139,00	4018289
1230222	S 38 NB OU Wermsdorf - Los 6 1.- Streckenbau 1. BA	4779	Wermsdorf	D		Erdarbeiten, Straßenbau, Witt	1.068.670,00	6088919
1232691	Straßenendausbau Goethestr.	9427	Ehrenfriedersdorf	D		Straßenbau, Pflasterarbeiten	233.349,00	4010611
1232930	Notsicherung/ Abbruch Böhmische Straße 9	2763	Zittau	D		Abbrucharbeiten	28.201,00	4021878
1234033	Los 83 Freianlage Pausenhof Gymnasium Bürgerwiese	1069	Dresden	D	01.08.2013	Erdarbeiten, Pflasterarbeiten, S	1.522.143,00	5019460
1234035	Los 82 - NB Frei- und Sportanlagen Gymnasium Bürger	1069	Dresden	D	10.06.2013	Kanalbau, Schächte/Abdecku	956.893,00	5012089
1237453	Komplexmaßnahme Lützner Str. BA 20 2 - Plaustr. bi	4179	Leipzig	D	26.08.2013	Straßenbau, Pflasterarbeiten	7.363.428,00	6144800
1237456	Komplexmaßn. Wurzner Str. von Dresdner Str. bis Torg	4318	Leipzig	D	12.08.2013	Erdarbeiten, Verbau, Schächte	1.697.319,00	5023845
1237459	Grundhafter Ausbau August-Bebel-Str.	4275	Leipzig	D	17.06.2013	Straßenbau, Pflasterarbeiten	1.328.780,00	4045584

Anlage 3: Fragebogen zur Datenerhebung bei öffentlichen Vergabestellen [238]

Frage 1: Anzahl durchgeführter Vergabeverfahren?

	2011	2012	2013	2014
National:	....	....	....	....
EU:	....	....	....	....

Frage 2: Durchschnittliche Anzahl eingereichter Angebote (Haupt- und Nebenangebote) je Vergabeverfahren?

	2011	2012	2013	2014
National:	....	....	....	....
EU:	....	....	....	....

Frage 3: Durchschnittliche Anzahl eingereichter Nebenangebote je Vergabeverfahren?

	2011	2012	2013	2014
National:	....	....	....	....
EU:	....	....	....	....

Frage 4: Wie viele Nebenangebote von Frage 3 verblieben in der Wertung?

	2011	2012	2013	2014
National:	....	....	....	....
EU:	....	....	....	....

---

[238] Schkade in Abstimmung mit Seifert, 2015, Diplomarbeit, TU Dresden

Anlage 3

Frage 5: Auf wieviel Nebenangebote von Frage 4 wurde der Zuschlag erteilt?

	2011	2012	2013	2014
National:	…………	…………	…………	…………
EU:	…………	…………	…………	…………

Frage 6: Wieviel Nachprüfverfahren fanden statt?

	2011	2012	2013
National (gemäß Landesgesetz)	…………	…………	…………
EU (gemäß GWB)	…………	…………	…………

Frage 7: Bei wieviel Nachprüfverfahren von Frage 6 lag die Problematik Nebenangebote zu Grunde?

	2011	2012	2013
National:	…………	…………	…………
EU:	…………	…………	…………

Frage 8: Bei wieviel Verfahren von Frage 7 obsiegte die Vergabestelle?

	2011	2012	2013
National:	…………	…………	…………
EU:	…………	…………	…………

Anlage 3

Frage 9: Anzahl der Vergabeverfahren von Frage 1, bei denen Nebenangebote nicht zugelassen wurden?

	2011	2012	2013	2014
National:	....	....	....	....
EU:	....	....	....	....

Frage 10: Welches zusätzliche Zuschlagskriterium kam bei den Vergabeverfahren ggf. zur Anwendung, um Nebenangebote berücksichtigen zu können?

....
....
....

Frage 11: Welche Art von Nebenangeboten favorisieren Sie als Vergabestelle? (Zutreffendes bitte ankreuzen)

Technische (z. B. Qualitäten, Verfahren)   (...)
Kaufmännische (z. B. Pauschalpreis)   (...)
Sonstige (z. B. Bauzeit)   (...)
Keine   (...)

Frage 12: Sind Sie der Meinung, dass zulässige Nebenangebote die Vergabeverfahren wesentlich beeinflussen? Wenn ja

Eher positiv   (...)
Eher negativ   (...)
Bemerkungen: ....
....

Anlage 3

Frage 13: Denken Sie, dass Nebenangebote einen Wettbewerbsvorteile generieren und als Innovationsträger dienen können?

Ja: (…)
Nein: (…)
Sonstiges: ……………………………………………………..
………………………………………………………………
………………………………………………………………

Frage 14: Denken Sie, dass spezialisierte Unternehmen eher Nebenangebote abgeben?

Ja: (…)
Nein: (…)
Sonstiges: …………………………………………………….
……………………………………………………………..
……………………………………………………………..

Frage 15: Sind Sie der Meinung, dass die eingeschalteten freiberuflich Tätigen (Planungsbüro) als Verfasser der Leistungsbeschreibung eher negativ gegenüber Nebenangeboten eingestellt sind?

Ja: (…)
Nein: (…)
Sonstiges: …………………………………………………….
………………………………………………………...........

Anlage 4: Fragebogen zur Datenerhebung bei Bauunternehmen [239]

1. Wie stehen Sie generell Nebenangeboten gegenüber?
   - Positiv
   - Negativ
   - Egal
   - (Keine/Andere Meinung)

2. Geben Sie gerne Nebenangebote ab?
   - Ja
   - Nein
   - Keine Angaben

3. Gemessen an der Arbeit zum Erstellen eines Hauptangebotes, wie schätzen Sie den Mehraufwand durch Ihre Nebenangebote ein? Prozentsatz von bis?
   - 0 - 10 %
   - 10 - 20 %
   - 20 - 30 %
   - 30 - 40 %
   - 50 % oder mehr
   - Keine Angaben

4. Wie viele Zuschläge haben Sie durch Abgabe von Nebenangeboten erhalten? (Prozentual geschätzt auf Ihren gesamten Auftragseingang)?
   - 0 - 10 %
   - 10 - 20 %
   - 20 - 30 %
   - 30 - 40 %
   - > 50 %

---

[239] Biesenbach in Abstimmung mit Seifert, 2015, Diplomarbeit, TU Dresden

Anlage 4

5. Denken Sie, dass Auftraggeber auf die Abgabe von Nebenangeboten ausreichend hinweisen?
   - Ja
   - Nein
   - Keine Angaben

6. Wie beurteilen Sie den rechtlichen Rahmen der Nebenangebote?
   - Ausreichen
   - Unzureichend
   - Keine Meinung

7. Welche Merkmale sind für Sie bei Nebenangeboten wichtig?
   - Preis und maximaler Gewinn
   - Technische Ausführung
   - Bauzeit (Bauherr kann durch verkürzte Bauzeit Wohnungen schneller vermieten, Unternehmen kann eigene Ressourcen bei neuen Projekten schneller wieder einsetzen)
   - Lebenszykluskosten
   - Bausubstanz
   - Andere: ....

8. Bei welchen Gewerken geben Sie gerne ein Nebenangebot ab?
   - Rohbau
   - Tiefbau
   - Fenster
   - Dachdecker
   - Fassade
   - Dämmung
   - Putz
   - Maler
   - Trockenbau
   - Abdichtungsarbeiten
   - Belag
   - Estrich

9. Würden Sie ein Nebenangebot abgeben, auch wenn es für Sie keine finanziellen Vorteile bringt?

- o Ja
- o Nein
- o Keine Angaben

10. Was würden Sie sich den beim Umgang mit NA zukünftig wünschen?
    - o Änderungen bei der Reglementierung
    - o Bewertungsmatrix
    - o Transparenz des Verfahrens
    - o Wertungsschwerpunkte

11. Sind spezialisierte Unternehmen bei der Abgabe von NA im Vorteil?
    - o Ja
    - o Nein
    - o Keine Angaben

12. Welche Art (Preis, Bauverfahren, etc.) von NA hat die beste Chance auf Wertung?
    - o Preis
    - o Bauverfahren
    - o Gewährleistung
    - o Nachhaltigkeit
    - o Ausführungsdauer
    - o Qualität der Bausubstanz

13. Wie schätzen Sie die Sichtweise der Vergabestelle/Aufsteller (Fachplaner) auf die Abgabe von NA ein?
    - o Positiv
    - o Negativ
    - o Gleichgültig

14. Wie sieht Ihre Tendenz für die Zukunft in Bezug auf die Abgabe von Nebenangeboten aus?
    - o Positiv
    - o Negativ
    - o Gleichgültig